餐桌日和

Cecillia的手作麵包、點心及常備餐點
簡單美味、溫暖款待每一天

—————— 陳香玲 Cecillia ——————

自序
餐桌上的幸福能量

對我來說，餐桌是日常生活裡最依賴的居家重心，也是家人間互動的聚焦點。只要在家裡的時間，我總習慣自己動手料理三餐，即使是簡單的餐點，愉悅分享著屬於自家的味道，就會讓餐桌洋溢動人的幸福表情。在工作日的夜晚歸來，我與丈夫也常會各自打開筆記型電腦，在餐桌上繼續白天未完成的工作，邊喝著茶也聊聊這一天發生的大小事。

很喜歡日文形容晴朗好天氣的「日和」一詞，現實生活中難免會有筋疲力竭、心裡下起雨的低落時刻，面對生活裡許許多多的挫折與挑戰，我始終深信日常餐桌的溫暖味道，能帶來無可取代的安定療癒力量，讓陰霾漸漸撥雲見日，也在總會出現好天氣的餐桌上，重新找到再出發的勇氣。

帶著這樣的心情與想法，經過二年多的準備，這本以「餐桌日和」為主題的新書終於完成了。這是我的第三本書，前二本書《比免揉麵包更簡單！簡單揉就好吃的家庭烘焙坊》《簡單揉就好吃的家庭烘焙坊 2：自己做美味餐包、鹹麵包與咖啡館風味點心》出版後，非常感謝廣大讀者們的支持與喜愛，有許多人更因為這二本書而開始了手作烘焙之路。透過簡單容易上手的方式，與大家分享手作烘焙的生活療癒感，為平凡日常開啟不一樣的新可能，這是我寫書的初衷，也是最感到高興的事了。

這本新書延續簡單有效率的烘焙與料理原則，同時多加利用預先準備好的冷凍麵糰、自家製鬆餅粉及百搭的常備料理等，就能更輕鬆省時的把新鮮出爐的手作麵包、常備餐點和很有幸福感的甜點端上餐桌。在忙碌的生活裡，用充滿溫暖心意的美味餐點來款待自己與心裡重要的人，真的可以如此輕鬆從容，並為生活增添許多樂趣。

經過長時間準備才完成的這本新書，非常感謝對我的「完美偏執」任性要求，始終瞭解並包容的編輯春旭；為了讓新書呈現最佳視覺質感，不厭其煩一再修正編排設計的美編維明；還有再次為新書掌鏡的攝影正毅，長期的合作默契，透過他的鏡頭總能精準捕捉到作品的美味靈魂。更要謝謝大田出版社的工作團隊，在這段辛苦的執行過程中，最大的支持與付出。

一個人不可能只靠自己的力量就可以撐起夢想，這一路上能與許多擁有相同理念與熱情的人相遇，真的好幸福，也非常感謝！

還要謝謝我的家人們，尤其是我的父母親及丈夫，總以最強大的愛包容並守護我想要完成的每一個夢想。

隨著人生不同階段的進展，家庭餐桌上的餐點內容與共享的人雖然會有變化，但不變的是透過餐桌上的樸實日常味道，傳遞出的滿滿溫暖心意，會成為生活裡最幸福的滋養能量，也持續為踏實的每一天加油！

衷心期盼這本書能為您帶來些許靈感，以最適合自己的方式，輕鬆愉悅的打造出屬於自家的晴朗美好餐桌風景！

陳香玲 Cecillia

手作麵包

材料篇

我使用的烘焙食材

手作烘焙需要的基本材料很簡單，

像是做麵包時只要準備麵粉、酵母（yeast）、鹽及水就能開始，

而這些材料（除了酵母外）都是家裡廚房平常就會有的。

正因為自家烘焙的材料很單純，

所使用的各項材料對於成品風味也會產生影響，

就以最基本的高筋麵粉來說，

即使是同樣的食譜作法，

只要以不同產地或廠牌的麵粉來做，

就能感受到口感及風味上的微妙變化，

這也是手作烘焙會讓人想不斷挑戰的樂趣之處。

在此介紹我常使用的麵包烘焙基本材料，

如果能在可以取得的範圍內多嘗試不同的組合搭配，

慢慢的就能做出自己與家人都喜歡的味道。

麵粉

依照蛋白質含量的高低，麵粉種類可分為高筋麵粉、中筋麵粉及低筋麵粉，製作麵包時主要使用的是高筋麵粉，蛋糕餅乾類的點心基本上是用低筋麵粉來做。有時也會依據想要做的口感或食譜配方需求，混合搭配使用不同種類的麵粉。

高筋麵粉

我向來喜愛也習慣使用日本產的高筋麵粉，尤其是北海道產的小麥麵粉，極具特色的 Q 彈口感與小麥天然香甜風味，能做出更美味的麵包。近年來，日本進口麵粉選擇種類越來越多，除了在日系超市購買外，我也常直接向烘焙材料進口商訂購。

要特別留意的是，不同產區及廠牌的高筋麵粉，吸水性也會有些許差異，在揉製麵糰時，水或牛奶等液體材料不要一次全部倒入，請保留少許的分量，再依麵糰的實際溼黏狀態調整用量。

法國麵包專用粉

本書裡有多款麵包以法國麵包專用粉製作。使用法國麵包專用麵粉能烘烤出更酥脆爽口的麵包口感。

全麥麵粉（全粒粉）

將整顆小麥研磨製成的全麥麵粉，包含有完整的麩皮及胚芽，因此食物纖維、礦物質與維生素等營養價值更高。製作麵包時適量添加全麥麵粉，可以品嚐到獨特的樸實麥香風味。

低筋麵粉

蛋白質含量較低的低筋麵粉，顆粒細緻且筋性較弱，常用來做蛋糕及餅乾類的糕點。做麵包時，混合搭配使用高筋麵粉與低筋麵粉，也能烘烤出更鬆軟細柔的口感。

酵母

速發酵母粉

製作麵包時需要加入酵母，才能讓麵糰發酵膨脹，做出鬆軟彈性口感。本書食譜材料所使用的酵母粉，如無特別標示，皆為速發酵母粉。這種速發乾酵母，不需預先溶解，可直接與麵粉混合使用，在超市或烘焙材料店就能買到。速發酵母粉開封後要放入冰箱冷藏保存。我習慣購買較小包裝分量的酵母粉，拆封後儘快使用，以確保最佳發酵效果與品質。

砂糖

製作麵包時添加適量的砂糖，除可增加甜味外，還能幫助酵母發酵，也會讓烘烤完成的麵包更上色、口感柔軟且提升保溼度。在此介紹的幾款砂糖，製作麵包及甜點時都能使用，在超市或烘焙材料店可買到。

細砂糖

本書食譜材料所標示的砂糖，使用的是細砂糖。細砂糖的顆粒較細，易溶於水及其他液體材料，很適合烘焙使用。另外，觸感潤澤、甜味淡雅且保濕性佳的日本上白糖，也是我廚房裡常備的烘焙與料理食材。

三溫糖

經過三次加熱與結晶製成的日本三溫糖，甜味濃郁溫和且不膩口，具有獨特層次風味，製作日式料理及甜點時常會用到。使用三溫糖來做麵包也很美味。

鹽

天然海鹽

在麵包材料裡，加入適量的鹽，不僅可以增添風味，強化麵糰筋度與結構，讓麵包的組織細緻有彈性，並有助於穩定發酵過程。做甜點時添加少許的鹽，也更能帶出砂糖的甜味，做出風味層次感。本書裡所使用的鹽皆為天然海鹽，礦物質豐富且鹹味溫和甘潤。

油脂類

麵包裡的油脂可以增強麵糰的延展性,讓麵包組織與口感更柔軟細緻,提升香氣及風味。製作點心時也常會需要使用到油脂。

油脂種類的選擇,基本上要視麵包及糕點的口感類別而定。這裡介紹幾款我常使用的油脂,皆可於超市或烘焙材料進口商店購買。

奶油

做麵包及點心時,我最常使用的是無鹽發酵奶油。在乳脂裡加入乳酸菌發酵製成的發酵奶油,因為經過長時間發酵熟成,具有獨特乳香層次風味。用發酵奶油來做口味單純的麵包或糕點,更能感受到飽滿的天然乳香與美味餘韻。

橄欖油

製作口感較清爽的麵包時,有時會使用到橄欖油。選用品質好的橄欖油,會讓麵包更具獨特香氣與風味。

太白胡麻油

太白胡麻油是將未經煎焙的芝麻以低溫壓榨方式製成,顏色清澈透明,保有芝麻營養且沒有一般芝麻油的強烈氣味,很適合料理及烘焙時使用,做出輕盈爽口風味。

水

本書麵包食譜材料所標示的水,
使用的是一般常溫的冷水。

工具篇

我使用的烘焙器具

當手作烘焙與料理變成日常生活中很重要的一部分後，

廚房裡的調理工具與器皿，

很自然的就會越來越多，

成為不可或缺的日日生活道具。

出國旅行時最想逛的也是烘焙材料與生活雜貨店鋪，

總是滿懷期待的以挖寶般心情慢慢挑選，

每當買到喜愛又實用的物品時，

就會覺得好開心，

那份自己最明白的滿足愉悅感，

會延續到自家廚房裡，

為平凡日常增添許多生活樂趣。

在這裡要介紹的是我常使用的烘焙器具，

有部分工具在料理時也能共用。

對於初學者來說，

不需要一次就購買齊全，

請盡可能多利用手邊現有的物品，

再依實際需求慢慢添購，

這樣更能讓每樣工具都發揮最佳功用。

用來秤量材料的工具

量匙與量杯

量匙與量杯是必備的基本測量工具。

建議使用可以量取 1 大匙（15ml）、1 小匙（5ml）及 1/2 小匙（2.5ml）材料分量的量匙。

在量取較多分量的液體材料時會使用到量杯，大小與材質可隨使用習慣選擇。

電子磅秤

使用最小測量單位為 1g（如果能秤量到 0.1g 更好）的電子磅秤，可以更準確的秤量出材料重量。

混合材料及麵糰發酵時使用的工具

攪拌盆 / 調理盆

我有許多不同材質與尺寸的攪拌盆及調理盆。

秤量材料時用較輕的塑膠或不鏽鋼小調理盆；混合及搓揉麵糰材料時，使用容量較大且穩定性好的玻璃材質大攪拌盆會更方便。

麵糰揉好後要進行發酵時，可以放入尺寸合適的
較小攪拌盆內，玻璃或塑膠材質都適用，我也常
會使用日本野田琺瑯的琺瑯盆。

攪拌蛋糕點心類的麵糊時，我喜歡使用日本柳宗
理不鏽鋼調理盆，設計質感很好，操作起來方便
又順手。

橡皮刮刀

橡皮刮刀很實用，除可用來混合麵糰材料外，攪拌及
刮取麵糊，或要把麵糊表面抹平時也需要。因為是常
會用到的工具，建議購買品質佳的耐熱材質產品。

另外也可以準備幾支較小的橡皮抹刀，在調製餡料時
使用。

打蛋器

打蛋器不僅能用來攪拌打發蛋液及鮮奶油等，在混拌粉類材料時也很好用。要攪拌混合分量少的液體材料或調味料，可使用尺寸較小的打蛋器。

電動打蛋器

如果常做甜點，還可以準備一台手持式的電動打蛋器，打發蛋白、全蛋或奶油會更省時省力。

揉製麵糰及延展整型時使用的工具

揉麵板

日本知名烘焙材料專賣店 cuoca 的木製揉麵板是我手作烘焙的重要工具，揉麵糰及進行麵糰擀捲整型時都不能缺少。

為防止揉麵板在使用時滑動，最好能在底部墊條止滑墊。揉麵板也可依個人使用習慣及需求，選擇大理石製或矽膠軟墊等不同材質的產品。

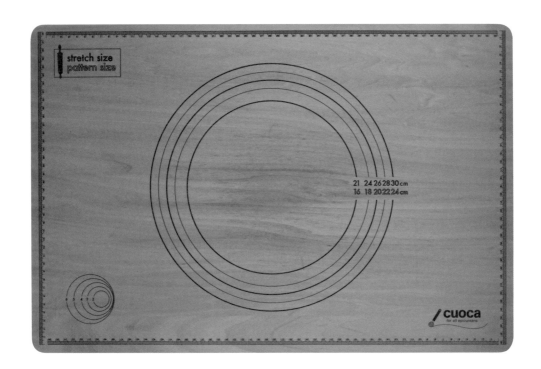

擀麵棍

要將麵糰擀開進行整型時，使用擀麵棍能更方便把麵糰延展成厚度均勻的尺寸與形狀。擀麵棍材質可視使用需求選擇，除了木製擀麵棍以外，表面凹凸設計的塑膠擀麵棍也很實用，在擀麵糰的同時還能把空氣擠壓出來。

烘烤時使用的烤模及相關道具

烤模器具

自家手作烘焙這麼多年來，陸續添購的烤模也越來越多，每次要烘烤麵包點心時，總會帶著期待的心情，仔細端詳選擇要搭配使用的烤模，像這樣的小小生活樂趣，讓人樂此不疲。

在這麼多的烤模裡，我很喜歡的一款是在日本及台灣都擁有超人氣的千代田（CHIYODA）品牌吐司烤模，質感極佳且導熱溫度均勻，烘烤效果非常理想，這也是我最常使用的烤模之一。

如果是剛開始接觸手作烘焙的初學者，建議只要先準備幾個基本形狀樣式的烤模，或是像做麵包與甜點時都能用得到的磅蛋糕及瑪芬烤模等，待漸漸上手後再視需求添購其他款式。

烘焙紙

把整型好的麵糰放在鋪有烘焙紙的烤盤上，進行二次發酵及烘烤，可避免麵糰沾黏，更容易取出烘烤完成的麵包。除了一般的烘焙紙外，能重複使用的烘焙烤盤墊也很實用。

其他的實用烘焙小道具

麵糰割紋刀

要在麵糰表面劃割紋時，最好能準備一把刀刃較薄的麵糰專用割紋刀，操作上會更俐落方便。這種麵糰割紋刀通常附有刀片外蓋，每次使用後都要套上，以避免拿取時割傷。

有時視裝飾需求，也可以用廚房專用剪刀在麵糰表面剪出切口紋路。

刷子

有些麵包在烘烤前，需要在麵糰表面刷上蛋液或油脂，使用小刷子來塗抹會更方便。建議選用較容易清洗的矽膠材質小刷子。

噴霧器

廚房專用的噴霧器是很實用的小道具。除可用來噴水避免麵糰乾燥外，麵糰烘烤前在表面噴點水，也能烤出外皮更酥脆的麵包。在做麵包的過程中，為保持揉麵板清潔，我也常會隨手用噴霧器噴水清理。

噴霧器有塑膠及不鏽鋼材質的產品，挑選可噴出細緻水霧的噴霧器就可以。

小篩網

要在麵糰表面篩撒粉類材料，或是烘烤完成後要撒上糖粉裝飾時，使用網孔較細的小篩子來操作，效果會更好。

刮板

刮板是手作烘焙時的必備好幫手，可以用來混合翻拌材料、刮取黏在揉麵板上的麵糰粉粒，或是要取出攪拌盆裡的麵糰及進行麵糰分割時，以刮板來協助都會更順手好操作。

也因為刮板非常實用，在做麵包點心時，我常會多準備幾個刮板，隨時使用很方便。

計時器

進行麵糰發酵與醒麵時，最好能準備一個計時器，用來測量計時，並提醒預定時間到達。

把剛出爐的手作麵包，
端放在餐桌上，
隨著散發出來的美味香氣，
心情也跟著一點一點的被溫暖包圍。

「今天吃的是什麼麵包？」
充滿期待的雀躍心情，
一起分享的笑顏，
是我最喜歡的餐桌日常風景。

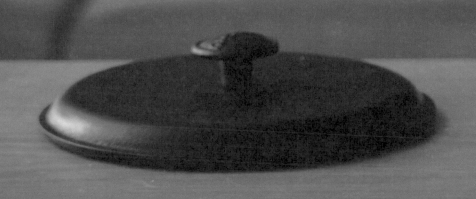

本書材料計量單位：
1 大匙＝ 15ml
1 小匙＝ 5ml
1/2 小匙＝ 2.5ml

直接吃或做成三明治都美味！
千變萬化的佐餐麵包

即使是在忙碌的日子裡，
自己動手做每天吃的麵包，
也會被安排融入我的作息時程中，
成為一種很自然的生活習慣。

每當思考著今天要做什麼樣的麵包時，
常在腦海裡浮現的，
總是那最能品嚐到小麥香甜的樸實風味麵包。

廚房食物櫃裡常備有我喜歡的日本小麥麵粉，
只要再加入酵母、糖、鹽及水等簡單材料，
就能烘焙出自家才吃得到的，
充滿手感溫度的美味麵包。
而隨著季節與場合不同，
把搭配麵包的飲品或料理做些變化，
也會為單純的佐餐麵包帶來不一樣的豐富滋味。

只要掌握做麵包的關鍵技巧，烘焙新手也能輕鬆上手
就從這款 Q 彈軟綿的美味餐包開始吧！

楓糖優格手撕麵包

做這種緊緊相連的手撕麵包很有趣，

把一個個小麵糰排列放入烤模內，

讓彼此緊靠依偎一起發酵膨脹，

即使是相同材料分量，

只要把麵糰分割成不同數量，

或使用不一樣的烤模來烘烤，

就會各自展現獨特的樣貌與風味。

不管是初學者或烘焙高手，

都能從中得到樂趣及成就感。

比起其他的麵包款式，

相連的手撕麵包口感更加軟綿溼潤，

尤其是這款加入優格與楓糖的超美味配方，

蓬鬆香甜又有彈性，

做成小餐包三明治也很合適。

材料（28×18×5cm 的烤模 1 個）

高筋麵粉 300g
速發酵母粉 3g
三溫糖 10g
鹽 4g
楓糖漿 25g
無糖原味優格 65g
牛奶 65ml
水 60ml
無鹽奶油 32g

表面裝飾：
楓糖漿 1 小匙
牛奶 1 小匙

前置準備

◎ 奶油預先從冰箱取出，置於室溫軟化至以手指按壓奶油表面，稍微施力就能按下的程度即可。

◎ 準確計量及秤量好各項材料。（圖 A）

作法

混合材料

1 把高筋麵粉、酵母粉、三溫糖及鹽，依序放入攪拌盆內，以橡皮刮刀或打蛋器拌勻。
　（圖 B）

　　請留意不要讓酵母粉與鹽直接接觸，以免影響麵糰發酵。
　　混合材料時，請依序放入並逐項拌勻後，再加入下一項材料。

2 加入楓糖漿、優格、牛奶及水，以橡皮刮刀攪拌後，再用手混合揉捏均勻成麵糰。
　（圖 C、D）

　　在揉製麵糰時，隨著所使用的麵粉產區及廠牌不同，加上
　　氣溫與濕度等條件變化，麵粉的吸水性也會產生些許差
　　異，在混合液體材料時，不要一次全部倒入，請保留少許
　　的水量，再依麵糰的實際溼黏狀態來調整。

A B
C D

3 取出麵糰置於揉麵板上，充分揉和至不黏手的程度後，再將已軟化的奶油放在麵糰上面，以手指推壓混合，把奶油與麵糰完全搓揉均勻。（圖 E）

4 繼續以手掌用力將麵糰往前延展推開，接著收回麵糰，轉換方向後把麵糰推開再收回，反覆進行此揉麵動作，將麵糰揉至表面呈現光滑平整的狀態為止。（圖 F、G、H）

> **確認揉麵完成：**
> 切下一小塊麵糰，用手指將麵糰慢慢的往兩側延展拉開，如果能拉出不會斷裂的透光薄膜就確認揉麵完成。

> **揉麵糰小技巧：**
> 揉麵糰的過程中，如果覺得有些費力，或是揉了一段時間後，麵糰表面還是無法呈現光滑狀態，此時可以先把麵糰收整成圓球狀，蓋上擰乾的濕布靜置約 10 分鐘再繼續揉和，麵糰就會變得更加柔軟平滑。

E　　F　　G　　H

一次發酵

5 把揉好的麵糰收整成表面平滑的圓球狀，放入攪拌盆內，蓋上擰乾的濕布或保鮮膜，
置於室內溫暖處，進行第一次發酵約 60 分鐘，待麵糰膨脹至 2 倍大。（圖 I、J）

一次發酵的理想溫度約在 28～30℃ 之間。如果能使用發
酵箱或具有發酵功能的烤箱來進行麵糰發酵更方便。

確認基本發酵（第一次發酵）完成：
以食指沾點高筋麵粉，在麵糰中間戳一個小凹洞，如果洞
口沒有回縮，就表示發酵完成。若是洞口出現回縮黏合情
形，代表麵糰發酵不足，需要再延長一些發酵時間。
（圖 K、L）

I　　J　　K　　L

6 以刮板取出第一次發酵完成的麵糰,放在撒有少許高筋麵粉的揉麵板上,用手按壓麵糰排出空氣,接著分割成 10 等份。把麵糰分別滾圓,蓋上擰乾的濕布,醒麵 15 分鐘。(圖 M)

麵糰整型

7 再次輕壓麵糰排氣後,把麵糰整型成圓球狀。(圖 N)

二次發酵

8 將麵糰收口朝下,排放在抹有一層奶油的烤模內,放入發酵箱裡以 35℃ 左右的溫度,進行二次發酵約 50 分鐘;或在烤模上蓬鬆覆蓋保鮮膜,擺放在室內溫暖處,待麵糰膨脹至 2 倍大。(圖 O)

麵糰發酵所需時間,會隨季節及發酵環境不同而產生差異,請留意觀察麵糰實際發酵狀況來調整時間。

M

N

表面裝飾

9 在發酵完成的麵糰表面，輕輕刷上一層混合好的楓糖漿及牛奶。 （圖 P）

烘烤

10 放入已預熱至 180℃ 的烤箱內，烘烤約 20 分鐘。

烘烤過程中，請隨時觀察麵包上色狀況，並依所使用的烤箱特性，適時調整烘烤溫度與時間。

O

P

超美味！用楓糖優格手撕麵包做三明治

小餐包
花式三明治

材料（10 個）

楓糖優格手撕麵包 10 個
醬烤肉丸子 5 個（作法請參考 P.130）
奶油少許
義式洋蔥番茄醬適量（作法請參考 P.126）
火腿 5 片
起司 5 片
番茄、小黃瓜及生菜各適量
日式美乃滋 2 大匙
黃芥末醬 1/2 小匙
蜂蜜 1 小匙

前置準備

◎ 如果是從冰箱取出的醬烤肉丸子，加熱後再使用。
◎ 生菜洗淨瀝乾水分後撕成小片，番茄洗淨去蒂切片，小黃瓜洗淨後斜切成薄片備用。
◎ 日式美乃滋、黃芥末醬及蜂蜜混合拌勻成蜂蜜芥末美乃滋。

作法

1 製作醬烤肉丸子餐包：
把 5 個小餐包從中間切開（底部不切斷），塗抹上奶油，再夾入醬烤肉丸子及小黃瓜片，表面舀上少許義式洋蔥番茄醬即完成。

2 製作火腿起司餐包：
將另外 5 個小餐包從中間切開（底部不切斷），塗抹上混合好的蜂蜜芥末美乃滋，再分別夾入生菜、番茄片、起司及火腿即完成。

鑄鐵鍋具

對於質感溫潤樸實的鑄鐵鍋具，向來有著特別的偏愛。
尤其在寒冷冬季裡，用鑄鐵鍋細火慢燉的料理，
煮好後連同鍋子一起端上桌，
美味溫度會讓身體與心情都溫暖起來。

做麵包或點心時，我也常喜歡用鑄鐵鍋來烘烤。
鑄鐵鍋的導熱效果快速且均勻，
更能烤出外皮酥脆、內部溼潤的美味口感。

只要多嘗試並熟悉鍋子的受熱特性，
使用小鐵鍋可以煎出好看又鬆軟綿密的厚鬆餅，
或用來煎蛋捲做早午餐也很合適。

有時我還會用鑄鐵平底燒烤盤加熱切片吐司，
直接在爐火上把吐司烙烤至兩面金黃香酥，
趁熱抹上奶油或做三明治都非常好吃。

總是覺得每個鍋子都有其獨特的實用性，
長期下來，廚房裡各式各樣的鑄鐵鍋具，也因此陣容越來越來壯大了。

多個步驟讓麵包更 Q 彈鬆軟

湯種裸麥芝麻麵包

預先把部分麵粉與熱水混合糊化後，
冷藏一晚再加入製作的湯種麵包作法，
能增加麵糰的保溼度，
烤出口感更 Q 彈鬆軟的麵包，
放到隔天也一樣柔軟好吃。

雖然要多花點時間準備，
但多了這一個小步驟，
就能巧妙提升美味層次，
尤其是做雜糧麵包時，
我常喜歡以湯種方式製作，
用來搭配有醬汁的料理最合適。
想要做出有豪華感的待客麵包餐點時，
只要變化主菜內容就可以輕鬆完成。

材料（1 條）

高筋麵粉 175g
裸麥麵粉 50g
速發酵母粉 3g
砂糖 15g
蜂蜜 1 大匙
水 100ml
橄欖油 2 大匙
湯種 * 預先做好的全部分量

湯種材料：
高筋麵粉 75g
鹽 4g
熱水 90ml

表面裝飾：
白芝麻適量

材料使用的裸麥麵粉（Rye Flour）是北海道產的裸麥全粒粉，可於大型超市或烘焙材料店購買。

前置準備

* 製作湯種：
把湯種材料裡的高筋麵粉及鹽放入耐熱容器內拌勻，接著倒入煮滾的熱水，以筷子或木勺快速攪拌混合。待湯種麵糰降溫後，覆蓋保鮮膜，放入冰箱冷藏約 10 小時即可使用。

作法

`混合材料`

1　將高筋麵粉、裸麥麵粉、酵母粉及砂糖，依序放入攪拌盆內，以橡皮刮刀拌勻後，加入撕成小塊的湯種麵糰、蜂蜜、水及橄欖油，用手混合揉捏均勻成麵糰。（圖 A）

搓揉麵糰

2　取出麵糰置於揉麵板上，用力將麵糰往前推開，
接著收回麵糰，轉換方向後把麵糰推開再收回，
反覆進行此揉麵動作，將麵糰揉至表面呈現光滑
平整的狀態為止。（圖B）

一次發酵

3　把揉好的麵糰收整成表面平滑的圓球狀，放入攪
拌盆內，蓋上保鮮膜，置於室內溫暖處，進行第
一次發酵約 60 分鐘，待麵糰膨脹至 2 倍大。

滾圓、醒麵

4　以刮板取出第一次發酵完成的麵糰，放在揉麵板
上，用手按壓麵糰排出空氣後，將麵糰滾圓，蓋
上擰乾的濕布，醒麵 15 分鐘。

麵糰整型

5　用擀麵棍把麵糰擀開成長橢圓形，翻面後從長邊
往內捲收，收口處緊密捏合。（圖C、D）

二次發酵

6　將麵糰收口朝下，放在鋪有烘焙紙的烤盤上，進
行二次發酵約 45 分鐘，待麵糰膨脹至 2 倍大。

表面裝飾

7　在發酵完成的麵糰表面，噴點水後撒上白芝麻，
再斜劃幾道割紋。（圖E）

烘烤

8　放入已預熱至 190℃的烤箱內，烘烤約 23 分鐘。

充滿濃郁蛋奶香的法式奶油麵包

布里歐修小餐包

這款法國經典點心麵包布里歐修（Brioche），

因為使用較多量的蛋及奶油來製作，

充滿濃郁蛋奶香氣的麵糰呈現可口的金黃色澤，

每次揉著柔軟細緻的麵糰時，

就會開始期待麵包出爐的那一刻。

奶油含量高的布里歐修麵糰，

在基本發酵後再經過一晚的冷藏，

就能烘烤出有著迷人奶香的柔軟綿密口感。

把小巧可愛的布里歐修麵包剝開後，

塗抹上酸甜莓果果醬，

品嚐外酥內軟的美好滋味，

或是搭配其他食材做成各式鹹甜風味小點心，

都會讓人忍不住想伸手再拿一個，

實在太好吃了！

材料（10 個）

高筋麵粉 180g
低筋麵粉 50g
速發酵母粉 3g
砂糖 26g
鹽 3g
蛋 2 個
牛奶 30ml
無鹽奶油 75g
天然香草精少許

表面裝飾：
蛋液 1 小匙
牛奶 1 小匙
珍珠糖適量

從甜菜提煉結晶製成的珍珠糖，因為熔點高，烘烤後不易融化，很適合用來裝飾糕點及麵包。沒有珍珠糖時，直接省略也沒問題。

前置準備

◎ 奶油預先置於室溫軟化備用。
◎ 麵糰材料內的蛋打散成蛋液，保留 1 小匙表面裝飾用，其餘的加入麵糰裡。

作法

`混合材料`

1 把高筋麵粉、低筋麵粉、酵母粉、砂糖及鹽，依序放入攪拌盆內，以橡皮刮刀拌勻後，加入蛋液、牛奶及香草精，用手混合揉捏均勻成麵糰。

`搓揉麵糰`

2 取出麵糰置於揉麵板上，充分揉和至不黏手的程度，再將已軟化的奶油分幾次放在麵糰上面，以手指推壓混合，把奶油與麵糰揉勻後，繼續將麵糰往前推開，接著收回麵糰，轉換方向後把麵糰推開再收回，反覆進行此揉麵動作，將麵糰揉至表面呈現光滑平整的狀態為止。

> 此款麵糰的奶油含量較高，揉麵時會有些黏手，請把奶油分次揉入，並利用刮板協助操作，就能更順利完成。

一次發酵＋冷藏發酵

3 把揉好的麵糰收整成表面平滑的圓球狀，放入保鮮盒容器內，用手稍微壓扁些，再蓋上蓋子，置於室內溫暖處，進行第一次發酵約 60 分鐘。接著把麵糰放入冰箱冷藏約 10 小時。（圖 A、B）

分割、滾圓、醒麵

4 取出冷藏發酵完成的麵糰，置於室溫回溫約 30 分鐘。

5 把麵糰拿出放在揉麵板上，用手按壓麵糰排出空氣後，分割成 10 等份。將麵糰分別滾圓，蓋上擰乾的濕布，醒麵 15 分鐘。（圖 C）

麵糰整型

6 再次輕壓麵糰排氣後，整型成圓球狀。（圖 D）

二次發酵

7 將麵糰收口朝下，放入抹有一層奶油的小烤模內，進行二次發酵約 40 分鐘。（圖 E）

表面裝飾

8 在發酵完成的麵糰表面，刷上一層混合好的蛋奶液，再撒上少許珍珠糖裝飾。（圖 F）

烘烤

9 放入已預熱至 170℃的烤箱內，烘烤約 18 分鐘。

> 烘烤時間未到達前，如果麵包表面已經上色，請用一張鋁箔紙蓋在麵包上面再繼續烘烤，以避免烤焦。

魔法般美味的超人氣麵包

鹽奶油捲

鹽奶油捲是日本近年來非常流行的一款麵包，

每隔一段時間去日本，

就會發現有越來越多烘焙坊推出這款麵包，

而且都是店裡很受歡迎的人氣產品呢！

鹽奶油捲的特別之處在於麵糰擀捲時要包入奶油，

經過烤箱烘烤受熱後，

融化的奶油會形成香氣濃郁的酥脆底部，

加上鬆軟溼潤有彈性的麵包體，

創造出單純又很有味道的層次風味口感。

如此美味的鹽奶油捲很推薦大家試做看看，

即使擀捲的手法一開始還不夠熟練也沒關係，

當撕開外酥內軟的麵包捲送入口中時，

讓人感動的美好滋味就是最棒的獎勵。

材料（8 個）

高筋麵粉 240g
低筋麵粉 40g
速發酵母粉 3g
砂糖 16g
鹽 3g
牛奶 85ml
水 85ml
無鹽奶油 25g

內餡材料：
無鹽奶油 48g

表面裝飾：
融化的奶油及海鹽各適量

前置準備

◎ 麵糰材料的奶油預先置於室溫軟化備用。
◎ 內餡材料的奶油分切成 8 等份後，置於冰箱冷藏備用。

作法

混合材料

1 把高筋麵粉、低筋麵粉、酵母粉、砂糖及鹽，依序放入攪拌盆內，以橡皮刮刀拌勻後，加入牛奶及水，用手混合揉捏均勻成麵糰。

搓揉麵糰

2 取出麵糰置於揉麵板上，充分揉和至不黏手的程度，再將已軟化的奶油放在麵糰上面，以手指推壓混合，把奶油與麵糰揉勻後，繼續將麵糰往前推開，接著收回麵糰，轉換方向後把麵糰推開再收回，反覆進行此揉麵動作，將麵糰揉至表面呈現光滑平整的狀態為止。

一次發酵

3　把揉好的麵糰收整成表面平滑的圓球狀，放入攪拌盆內，蓋上保鮮膜，置於室內溫暖處，進行第一次發酵約 60 分鐘，待麵糰膨脹至 2 倍大。

分割、滾圓、醒麵

4　以刮板取出第一次發酵完成的麵糰，放在揉麵板上，用手按壓麵糰排出空氣後，分割成 8 等份。把麵糰分別滾圓，蓋上擰乾的濕布，醒麵 15 分鐘。

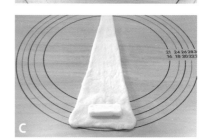

麵糰整型

5　用擀麵棍把麵糰擀成圓形，從上下往左邊中心點折疊出尖角後，捏合成圓錐狀，輕輕滾動麵糰把尾端搓細長些。將所有麵糰都依此方式做好，蓋上擰乾的濕布再醒麵 10 分鐘。（圖 A、B）

6　以擀麵棍從麵糰中間往上下擀開，擀成高度約 26cm 的三角形。在底部放一小塊奶油，包覆後將麵糰往前滾捲，以手指輕壓接合尾端處使其貼合在麵糰底部。（圖 C、D）

二次發酵

7　把整型好的麵糰排放在鋪有烘焙紙的烤盤上，進行二次發酵約 40 分鐘。（圖 E）

表面裝飾

8　在發酵完成的麵糰表面刷上一層融化的奶油，再撒上少許海鹽。（圖 F）

烘烤

9　放入已預熱至 210℃ 的烤箱內，烘烤約 16 分鐘。

品味小麥自然樸實風味

鑄鐵鍋鄉村麵包

自己做麵包這麼多年來，
深深感覺越是看似樸實單純的麵包，
其實蘊藏著更大的學問，
需要持續努力嘗試與調整，
才能更接近心目中的理想麵包。

歐式鄉村麵包就是這樣一款讓人想不斷挑戰的麵包，
雖然麵糰不需要搓揉太久，
但要多花點時間耐心等待麵糰慢慢發酵，
不管做過多少次這款麵包，
每一次的烘烤總是充滿期待。

為了烤出外皮酥脆、內部 Q 彈濕潤的麵包口感，
我常使用蓄熱效果佳的鑄鐵鍋來烘烤。
最喜歡透過烤箱門看著麵包在鍋子裡漸漸膨脹飽滿，
享受手作麵包帶來的生活療癒片刻。

材料（1 個 / 使用的鑄鐵鍋直徑 21cm）

法國麵包專用粉 250g
全麥麵粉 30g
速發酵母粉 2g
鹽 4g
黑糖蜜 12g
水 175ml

表面裝飾：
裸麥麵粉適量

黑糖蜜是以黑糖製成的糖蜜，
適量添加會讓麵包具有獨特
風味。

麵糰二次發酵時使用直徑
18cm 的發酵籐籃。

作法

`混合材料`

1　把法國麵包專用粉、全麥麵粉及酵母粉放入攪拌
　　盆內，以橡皮刮刀充分拌勻後，再加入鹽混合攪
　　拌，接著倒入黑糖蜜及水，用手揉捏均勻成麵
　　糰。（圖 A）

`搓揉麵糰`

2　取出麵糰置於揉麵板上，搓揉至均勻無粉粒的狀
　　態後，把麵糰大致收整成圓形，蓋上擰乾的濕布
　　靜置 20 分鐘。

3　接著將麵糰往前推開，以折疊方式收回麵糰，轉
　　換方向後推開再折疊收回，反覆進行此揉麵動
　　作，把麵糰揉至不黏手且有彈力感的程度即可。
　　（圖 B）

`二階段的一次發酵`

4　將麵糰收整成圓球狀，放入攪拌盆內，蓋上保鮮
　　膜，置於室內溫暖處，進行發酵約 50 分鐘，待
　　麵糰膨脹至 2 倍大。（圖 C）

5 取出麵糰放在撒有少許高筋麵粉的揉麵板上，用
手稍微壓扁後，從麵糰上下及左右往中間折疊，
重新收整成圓球狀，繼續發酵約 50 分鐘，讓麵
糰再次膨脹至 2 倍大。（圖 D）

滾圓、醒麵

6 以刮板取出發酵完成的麵糰，放在揉麵板上，將
麵糰滾圓，蓋上擰乾的濕布，醒麵 15 分鐘。

麵糰整型

7 將麵糰收口面朝上，用手按壓成扁圓形，從左右
對折後再從上下對折，接著把麵糰往中間收攏，
底部緊密捏合成表面緊繃的圓球狀。（圖 E、F）

二次發酵

8 把整型好的麵糰收口朝上，放入撒有裸麥麵粉的
籐籃裡，用手輕按麵糰，接續進行二次發酵約
50 分鐘，待麵糰膨脹至 2 倍大。（圖 G）

表面裝飾

9 將發酵完成的麵糰倒扣在烘焙紙上，在麵糰表面
劃十字割紋（或其他喜愛的樣式），再將麵糰連
同烘焙紙小心移至鑄鐵鍋內。（圖 H、I）

> 使用鑄鐵鍋烘烤時，在烤箱預熱的過程中，可把鍋
> 子一起放入預熱，以隔熱手套取出後，再把麵糰放
> 入鍋內。（鑄鐵鍋加熱後的溫度非常高，務必以隔
> 熱手套小心拿取，以避免燙傷。）

烘烤

10 鑄鐵鍋蓋上鍋蓋，放入已預熱至 230℃的烤
箱內，烘烤 15 分鐘後，以隔熱手套小心移開鍋
蓋，將烤溫降至 200℃，再繼續烘烤 15 分鐘至
麵包上色。

樸實手感裡的柔潤麥香

巧巴達

假日居家早午餐的餐桌上，

用來搭配的佐餐麵包常是我預先做好的巧巴達（Ciabatta）。

很喜歡這款經典義大利拖鞋麵包的樸實手感，

充滿美味氣孔的輕盈溼潤口感，

沾著品質佳的橄欖油吃最能品嚐到飽滿麥香，

或是佐以喜歡的配料做成帕尼尼三明治，

享受麵包的豐富美好滋味。

傳統的巧巴達在製作上需要一定的技巧，

為了想在家裡也能簡單做出好吃的巧巴達，

我不斷的嘗試並調整作法，

雖然在製作過程中需要多一些發酵等待時間，

高含水量的麵糰也因較黏手不好操作，

但每當看到烤至膨脹金黃的巧巴達出爐時，

總會為美味成果而開心不已呢！

To：**大田出版有限公司**　　（編輯部）收
　　　地址：台北市10445中山區中山北路二段26巷2號2樓
　　　電話：（02）25621383　傳真：（02）25818761
　　　E-mail：titan3@ms22.hinet.net

大田精美小禮物等著你！

只要在回函卡背面留下正確的姓名、E-mail和聯絡地址，
並寄回大田出版社，
你有機會得到大田精美的小禮物！
得獎名單每雙月10日，
將公布於大田出版「編輯病」部落格，
請密切注意！

大田編輯病部落格：http：//titan3.pixnet.net/blog/

智　慧　與　美　麗　的　許　諾　之　地

你可能是各種年齡、各種職業、各種學校、各種收入的代表，

這些社會身分雖然不重要，但是，我們希望在下一本書中也能找到你。

名字／＿＿＿＿＿＿＿ 性別／□女 □男　 出生／＿＿＿年＿＿＿月＿＿日

教育程度／

職業：□ 學生□ 教師□ 內勤職員□ 家庭主婦□ SOHO 族□ 企業主管

　　　□ 服務業□ 製造業□ 醫藥護理□ 軍警□ 資訊業□ 銷售業務

　　　□ 其他 ＿＿＿＿＿＿＿＿＿＿＿＿＿＿＿＿＿＿＿＿＿＿＿＿

E-mail/＿＿＿＿＿＿＿＿＿＿＿＿＿＿＿＿ 電話／＿＿＿＿＿＿＿＿＿＿

聯絡地址：

你如何發現這本書的？　　　　　　　　　 書名：

□書店閒逛時＿＿＿＿書店 □不小心在網路書站看到（哪一家網路書店？）＿＿＿

□朋友的男朋友(女朋友)灑狗血推薦 □大田電子報或編輯病部落格 □大田FB 粉絲專頁

□部落格版主推薦 ＿＿＿＿＿＿＿＿＿＿＿＿＿＿＿＿＿＿＿＿＿＿＿＿＿＿

□其他各種可能，是編輯沒想到的 ＿＿＿＿＿＿＿＿＿＿＿＿＿＿＿＿＿＿＿

你或許常常愛上新的咖啡廣告、新的偶像明星、新的衣服、新的香水……

但是，你怎麼愛上一本新書的？

□我覺得還滿便宜的啦！ □我被內容感動 □我對本書作者的作品有蒐集癖

□我最喜歡有贈品的書 □老實講「貴出版社」的整體包裝還滿合我意的 □以上皆非

□可能還有其他說法，請告訴我們你的說法

＿＿＿＿＿＿＿＿＿＿＿＿＿＿＿＿＿＿＿＿＿＿＿＿＿＿＿＿＿＿＿＿＿＿＿

你一定有不同凡響的閱讀嗜好，請告訴我們：

□哲學 □心理學 □宗教 □自然生態 □流行趨勢 □醫療保健 □ 財經企管□ 史地□ 傳記

□ 文學 □ 散文□ 原住民 □ 小說□ 親子叢書□ 休閒旅遊□ 其他 ＿＿＿＿＿＿＿＿

你對於紙本書以及電子書一起出版時，你會先選擇購買

□ 紙本書□ 電子書□ 其他＿＿＿＿＿＿＿＿＿＿＿＿＿＿＿＿＿＿＿＿＿＿＿

如果本書出版電子版，你會購買嗎？

□ 會□ 不會□ 其他＿＿＿＿＿＿＿＿＿＿＿＿＿＿＿＿＿＿＿＿＿＿＿＿＿

你認為電子書有哪些品項讓你想要購買？

□ 純文學小說□ 輕小說□ 圖文書□ 旅遊資訊□ 心理勵志□ 語言學習□ 美容保養

□ 服裝搭配□ 攝影□ 寵物□ 其他 ＿＿＿＿＿＿＿＿＿＿＿＿＿＿＿＿＿＿＿＿

　請說出對本書的其他意見：

材料（4 個）

法國麵包專用粉 250g
速發酵母粉 2g
鹽 3g
水 195ml
橄欖油 2 大匙

表面裝飾：
高筋麵粉適量

作法

混合材料

1 把法國麵包專用粉及酵母粉放入攪拌盆內，以橡
皮刮刀充分拌勻後，再加入鹽混合攪拌，接著倒
入水及橄欖油，將全部材料混拌均勻。

攪拌麵糰

2 以橡皮刮刀來回翻拌麵糰至均勻無粉粒，將麵糰
拉起時有彈力感的狀態即可。（圖 A）

三階段的一次發酵

3 在攪拌盆上覆蓋保鮮膜，置於室內溫暖處發酵約
35 分鐘後，用刮板從盆底將麵糰拉起對折，轉
動攪拌盆，拉起麵糰再對折一次。（圖 B）

4 繼續讓麵糰再發酵 35 分鐘後，重複步驟 3 的翻
折麵糰動作。

5 接著再次進行發酵約 60 分鐘，待麵糰膨脹至 2
倍大，完成一次發酵。（圖 C）

收整、醒麵

6 把發酵完成的麵糰倒在撒有高筋麵粉的揉麵板上，用刮板輕輕的從四邊將麵糰往內折疊成長方形，蓋上擰乾的濕布，醒麵 15 分鐘。（圖 D）

分切麵糰

7 在麵糰表面撒上少許高筋麵粉，接著將麵糰分切成 4 等份。（圖 E）

二次發酵

8 把麵糰分別排放在摺出凹槽並撒上高筋麵粉的發酵布裡，進行二次發酵約 50 分鐘後，再把麵糰移至鋪有烘焙紙的烤盤上。（圖 F、G）

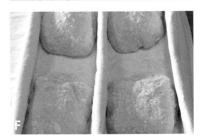

烘烤

9 放入已預熱至 220℃的烤箱內，烘烤約 18 分鐘。

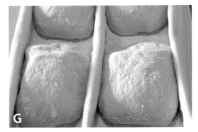

越吃越有味道的純樸美味
軟式小法國麵包

雖然我們家的人口少，

但是每次做這款軟式小法國麵包時，

總要一次多做一些才夠，

趁溫熱抹上厚厚的奶油享用，

或是搭配料理當佐餐麵包，

常常會因為太美味，

不知不覺中就多吃了一個。

家裡有一台加熱麵包專用的日本小烤箱，

這台烤箱還設計有法國麵包加熱功能，

把預先做好後冷藏或冷凍的小法國麵包放入回烤，

口感就像剛出爐般的外酥內軟，

隨時都能享受麵包的最佳滋味，

太令人滿足了！

材料（10個）

法國麵包專用粉 300g
速發酵母粉 3g
砂糖 10g
鹽 4g
水 180ml
無鹽奶油 16g

表面裝飾：
高筋麵粉適量

前置準備

◎ 奶油預先置於室溫軟化備用。

作法

混合材料

1 把法國麵包專用粉、酵母粉、砂糖及鹽，依序放入攪拌盆內，以橡皮刮刀拌勻後，
再加入水，用手混合揉捏均勻成麵糰。

搓揉麵糰

2 取出麵糰置於揉麵板上，充分揉和至不黏手的程
度，再將已軟化的奶油放在麵糰上面，以手指推
壓混合，把奶油與麵糰揉勻後，繼續將麵糰往前
推開，接著收回麵糰，轉換方向後把麵糰推開再
收回，反覆進行此揉麵動作，將麵糰揉至表面呈
現光滑平整的狀態為止。（圖 A）

一次發酵

3 把揉好的麵糰收整成表面平滑的圓球狀，放入攪拌盆內，蓋上保鮮膜，置於室內溫暖處，進行第一次發酵約 60 分鐘，待麵糰膨脹至 2 倍大。（圖 B、C）

B

C

分割、滾圓、醒麵

4 以刮板取出第一次發酵完成的麵糰，放在揉麵板上，用手按壓麵糰排出空氣後，分割成 10 等份。把麵糰分別滾圓，蓋上擰乾的濕布，醒麵 15 分鐘。（圖 D）

D

麵糰整型

5 用擀麵棍把麵糰擀成直徑約 9cm 的圓形，翻面後往內捲收，收口緊密捏合成橄欖形。（圖 E）

E

二次發酵

6 把整型好的麵糰收口朝下，排放在鋪有烘焙紙的烤盤上，進行二次發酵約 45 分鐘，待麵糰膨脹至 1.5 倍大。（圖 F）

F

表面裝飾

7 在發酵完成的麵糰表面篩上少許高筋麵粉，中間劃一道割紋。（圖 G）

烘烤

8 放入已預熱至 210℃ 的烤箱內，烘烤約 17 分鐘。

G

蓬鬆柔軟的極致美味吐司

經典三明治吐司

口味單純的吐司最是百吃不厭。

從早餐的酥烤切片吐司開始，

到一整天都可以輕鬆享用的三明治餐點，

吐司總是餐桌上最受歡迎的一款麵包。

做過許許多多不同款式及口味的吐司後，

更加覺得小麥麵粉的品質風味會決定吐司的美味程度，

也因曾在北海道品嚐過 100% 北海道產小麥「北香」的迷人風味，

所以就試著使用「北香」小麥麵粉來做吐司。

烘烤出來的口感果真讓人驚艷的鬆軟 Q 彈，

細細咀嚼還能感受到小麥的獨特香甜氣味，

用這款吐司來做三明治更是好吃極了。

這就是我心目中的經典美味吐司，

很推薦大家也嘗試看看。

材料（22×11×12cm 的帶蓋吐司模 1 個）

高筋麵粉 380g
白脫乳粉 18g
速發酵母粉 4g
三溫糖 22g
鹽 5g
水 255ml
無鹽奶油 30g

材料所使用的高筋麵粉是北海道產小麥「北香」（キタノカオリ），具有獨特的香甜麥香風味及 Q 彈口感，可於特定超市的日本烘焙材料進口商店門市購買。

白脫乳粉（buttermilk powder）是把製造奶油過程中所產生的白脫乳濃縮乾燥而成，乳香濃郁，用來烘焙麵包糕點能增添風味，做出柔軟美味口感。材料使用日本よつ葉乳業的北海道白脫乳粉，可於烘焙材料進口商店購買。

前置準備

◎ 奶油預先置於室溫軟化備用。

作法

`混合材料`

1 把高筋麵粉、白脫乳粉、酵母粉、三溫糖及鹽，依序放入攪拌盆內，以橡皮刮刀拌勻後，再加入水，用手混合揉捏均勻成麵糰。

`搓揉麵糰`

2 取出麵糰置於揉麵板上，充分揉和至不黏手的程度，再將已軟化的奶油放在麵糰上面，以手指推壓混合，把奶油與麵糰揉勻後，繼續將麵糰往前推開，接著收回麵糰，轉換方向後把麵糰推開再收回，反覆進行此揉麵動作，將麵糰揉至表面呈現光滑平整的狀態為止。

A

`一次發酵`

3 把揉好的麵糰收整成表面平滑的圓球狀，放入攪拌盆內，蓋上保鮮膜，置於室內溫暖處，進行第一次發酵約 60 分鐘，待麵糰膨脹至 2 倍大。
（圖 A、B）

B

分割、滾圓、醒麵

4 以刮板取出第一次發酵完成的麵糰，放在揉麵板上，用手按壓麵糰排出空氣後，分割成 3 等份。把麵糰滾圓，蓋上擰乾的濕布，醒麵 15 分鐘。（圖 C）

麵糰整型

5 用擀麵棍把麵糰擀開成約 22×18cm 的長方形，從左右兩端往中間折疊，重疊接合處按壓貼合，再從麵糰中間往上下擀平些，接著將麵糰往前捲起，接合處捏合。把另外二個麵糰也以相同方式整型好。（圖 D、E）

二次發酵

6 將麵糰收口朝下排列放入吐司烤模內，進行二次發酵約 60 分鐘，待麵糰膨脹至距離烤模邊緣約 1.5cm 的高度。（圖 F、G）

　請依所使用的吐司烤模材質，確認是否需要在烤模內部及蓋子上塗抹奶油以防止沾黏。

烘烤

7 在發酵完成的麵糰表面噴點水，蓋上烤模上蓋，放入已預熱至 180℃的烤箱內，烘烤約 40 分鐘。（圖 H）

8 烘烤時間到達後，以隔熱手套小心取出烤模，打開上蓋，雙手拿起烤模在桌面上輕摔數下，再將吐司脫模放涼。

　帶蓋吐司烘烤過程中，如果很快就聞到香味，表示烤溫可能過高，請適時降低烤箱溫度，以免烤焦。

超美味！用經典三明治吐司做三明治

味噌咖哩肉末
手捲三明治

材料（6 個）

經典三明治吐司（厚度約 1.8cm）3 片
味噌咖哩肉末 3 大匙（作法請參考 P.128）
生菜 6 片

前置準備

◎ 如果是從冰箱取出的味噌咖哩肉末，加
　熱後再使用。
◎ 吐司去邊備用。

作法

1　在砧板上鋪一張保鮮膜，取一片吐司放在上面，中間擺放 2 片生菜及 1 大匙味噌
　　咖哩肉末，拉起保鮮膜將吐司往前推動，讓吐司包覆餡料捲起，再把兩端扭緊。將
　　另外二片吐司也依此方式捲好後，靜置約 5 ～ 10 分鐘定型。

2　把手捲三明治斜切成兩半，去除保鮮膜後即可享用。

彩蔬玉子燒
三明治

材料（4 個）

經典三明治吐司（厚度約 1.8cm）4 片
彩蔬玉子燒 1 份
奶油適量

前置準備

◎ 將做好的彩蔬玉子燒對切備用。

作法

1　在兩片吐司表面抹上奶油。

2　把彩蔬玉子燒放在其中一片吐司上面，再蓋上另一片吐司，以手稍微按壓固定後，
切除吐司邊，再分切成 2 等份。把另外兩片吐司也依此方式製作完成。

彩蔬玉子燒的作法

材料（1 份）

蛋 2 個
青紅椒共約 30g
鮮奶油 2 小匙
砂糖 1/2 小匙
鹽及胡椒各少許
沙拉油適量

前置準備

◎ 青紅椒洗淨後去籽切成細粒狀備用。

作法

1　把蛋打入調理盆內，加入鮮奶油、砂糖、鹽及胡椒拌勻後，再放入切碎的青紅椒混合均勻。

2　在玉子燒專用鍋或平底鍋裡塗抹少許沙拉油，加熱後倒入步驟 1 的蛋液，快速攪拌幾下，以小火煎至蛋液稍微凝固時，用鍋鏟從底部翻起對折，再略煎一下即可熄火盛起。

美式香腸肉餅
三明治

材料（2個）

經典三明治吐司（厚度約3cm）1片
美式香腸肉餅 2 個
小黃瓜 6 片
奶油少許
巴薩米克醋適量

前置準備

◎ 小黃瓜洗淨後斜切成薄片。
◎ 將煎好的美式香腸肉餅對切成兩半。

作法

1 把厚片吐司放入小烤箱內烤至金黃香酥。

2 將烤好的吐司切成 2 等份，在麵包中間割出一道深切口，塗抹適量的奶油，各放
　入美式香腸肉餅及小黃瓜，再淋上少許巴薩米克醋即完成。

美式香腸肉餅的作法

材料（6個）

豬絞肉 170g
日式麵包粉 10g
蛋 1 個
楓糖漿 1 小匙
綜合香料 2 小匙

綜合香料：

┌ 肉豆蔻粉（Nutmeg） 1 小匙
│ 乾燥百里香（Thyme）1 小匙
│ 匈牙利紅椒粉（Paprika powder）1/2 小匙
│ 洋蔥粉 1 小匙
│ 蒜粉 1 小匙
│ 海鹽 1 小匙
└ 黑胡椒少許

前置準備

◎ 把綜合香料的所有材料混合拌勻後，裝入密封罐裡，置於冰箱冷藏保存，此材料分量約可使用二次。

◎ 蛋打散成蛋液備用。

> 材料所使用的多款香料準備起來感覺好像有些麻煩，但其實這些天然香料在超市都很容易買到，混合好後用密封罐裝起來放冰箱冷藏保存，隨時使用很方便。

作法

1 把絞肉放入調理盆內，加入 2 小匙綜合香料，充分拌勻後，放入麵包粉、蛋液及楓糖漿混合攪拌，再將肉餡分成 6 等分，塑成圓球後壓扁些成肉餅狀。

2 平底鍋加熱後淋上少許沙拉油，把肉餅放入，以小火煎至兩面金黃熟透即完成。

小巧可愛的溫暖麥香風味
麥香小吐司

多年前從日本買的扁長形帶蓋吐司烤模，

不管用來烤吐司或蛋糕，

都能呈現獨特的美味樣貌，

因為很喜歡這款烤模所以經常使用。

尤其是烘烤雜穀類的麵包時，

長條形的切片小吐司分量恰到好處，

每一口都能品嚐到濃郁穀麥香氣。

匆忙的早餐時間，

小巧的吐司也更容易拿取享用，

有時我會煮一鍋熱呼呼的鮮美蔬菜濃湯，

用烤至香酥的長條吐司沾著濃湯吃，

或是直接在吐司上面擺放喜歡的配料做成三明治，

溫暖豐富的元氣餐點就能快速完成。

材料（24×12×6 cm 的扁長形帶蓋吐司模 1 個）

高筋麵粉 240g
全麥麵粉 40g
速發酵母粉 3g
砂糖 12g
鹽 3g
蜂蜜 1 大匙
牛奶 80ml
水 80ml
無鹽奶油 25g

前置準備

◎ 奶油預先置於室溫軟化備用。

作法

混合材料

1　把高筋麵粉、全麥麵粉、酵母粉、砂糖及鹽，依序放入攪拌盆內，以橡皮刮刀拌勻後，加入蜂蜜、牛奶及水，用手混合揉捏均勻成麵糰。

搓揉麵糰

2　取出麵糰置於揉麵板上，充分揉和至不黏手的程度，再將已軟化的奶油放在麵糰上面，以手指推壓混合，把奶油與麵糰揉勻後，繼續將麵糰往前推開，接著收回麵糰，轉換方向後把麵糰推開再收回，反覆進行此揉麵動作，將麵糰揉至表面呈現光滑平整的狀態為止。

一次發酵

3　把揉好的麵糰收整成表面平滑的圓球狀，放入攪拌盆內，蓋上保鮮膜，置於室內溫暖處，進行第一次發酵約 60 分鐘，待麵糰膨脹至 2 倍大。
（圖 A、B）

分割、滾圓、醒麵

4 以刮板取出第一次發酵完成的麵糰，放在揉麵板上，用手按壓麵糰排出空氣後，分割成 3 等份。把麵糰滾圓，蓋上擰乾的濕布，醒麵 15 分鐘。（圖 C）

麵糰整型

5 用擀麵棍將麵糰擀成約 30×11cm 的長方形，從短邊上下往中間折疊成 3 等份，接合處輕壓貼合。把另外 2 個麵糰也以相同方式整型好。（圖 D、E）

二次發酵

6 將麵糰接合處朝下，排列放入抹有一層奶油的烤模內，進行二次發酵約 40 分鐘，待麵糰膨脹至烤模的八分滿。（圖 F、G）

烘烤

7 在發酵完成的麵糰表面噴點水，蓋上烤模上蓋（蓋子內部也要抹上一層奶油以防沾黏）。放入已預熱至 180℃的烤箱內，烘烤約 28 分鐘。（圖 H）

8 烘烤時間到達後，以隔熱手套取出烤模，打開上蓋，雙手拿起烤模在桌面上輕摔數下，再將吐司脫模放涼。

超美味！用麥香小吐司做三明治

烤番茄起司 &
和風明太子
長條三明治

材料（4 個）

麥香小吐司 4 片
莫扎瑞拉起司（Mozzarella cheese） 3 片
番茄 3 片
新鮮羅勒葉適量
奶油及橄欖油各少許
市售明太子抹醬適量
新鮮巴西利（或海苔絲）適量

前置準備

◎ 把番茄片對切成兩半，莫扎瑞拉起司各分切成 2 等份，新鮮巴西利切碎備用。

作法

1 製作烤番茄起司長條三明治：
在兩片吐司表面塗抹奶油，再交錯擺放切好的番茄及起司片，放入小烤箱內加熱至
起司融化，取出後撒上羅勒葉並淋上少許橄欖油即完成。

2 製作和風明太子長條三明治：
在兩片吐司表面各塗抹奶油及明太子抹醬，放入小烤箱內烤至金黃，取出後趁熱撒
上切碎的巴西利（或海苔絲）即可。

今天餐桌上會出現哪一款三明治呢？

小餐包花式三明治

味噌咖哩肉末手捲三明治

彩蔬玉子燒三明治

美式香腸肉餅三明治

烤番茄起司 & 和風明太子長條三明治

把喜歡的配料加進去！
口感豐富的夾餡麵包

夾餡麵包最能表現出麵包口感的豐富變化，

加入的餡料可隨季節選用當令食材，

當然還要特別考慮吃的人的口味喜好，

細心完成的每一款麵包裡，

都藏著自己的滿滿心意，

只要聽到「這個麵包真是太好吃了！」的溫暖回應時，

就會覺得好開心。

我家餐桌上最常出現的幾款夾餡麵包，

大多是使用新鮮水果、果乾及堅果做的麵包，

不僅好吃而且兼顧營養價值，

這是我做麵包時會優先考量的搭配原則。

如果能先準備好幾款做麵包用的常備料理放在冰箱裡，

也可以更輕鬆有效率的把屬於自家的安心美味端上餐桌了。

巧克力無花果麵包

新鮮無花果甜美多汁非常好吃，

營養價值也豐富，

可惜在台灣還不是那麼普遍可買到，

有時超市會推出裝成禮盒的新鮮無花果，

看起來好吸引人但價格也相對較高些。

而濃縮了無花果美味的果乾就很容易取得，

因為很喜歡用無花果果乾來做麵包糕點，

所以我家食物櫃裡常備有這款果乾。

把無花果果乾與苦甜巧克力一起加入麵糰裡，

烤出口感豐富又清爽的美味麵包，

不僅吃得到充滿陽光風味的果乾與濃郁甜美的巧克力，

還有香醇的裸麥全粒粉天然麥香。

這款麵包也很適合當成伴手禮，

分享最甜美的手作款待心意。

材料（8個）

高筋麵粉 230g
裸麥麵粉 50g
速發酵母粉 3g
砂糖 20g
鹽 3g
水 160ml
太白胡麻油 2 大匙
無花果乾 100g
苦甜巧克力 50g

表面裝飾：
裸麥麵粉適量

前置準備

◎ 無花果乾及巧克力切成小塊備用。

太白胡麻油沒有一般芝麻油的強烈氣味，很適合烘焙料理使用。可於日系超市或烘焙材料店購買，或以相同分量的橄欖油取代。

材料所使用的裸麥麵粉是北海道產的裸麥全粒粉。

作法

`混合材料`

1 把高筋麵粉、裸麥麵粉、酵母粉、砂糖及鹽，依序放入攪拌盆內，以橡皮刮刀拌勻後，加入水及太白胡麻油，用手混合揉捏均勻成麵糰。

`搓揉麵糰`

2 取出麵糰置於揉麵板上，將麵糰往前推開，接著收回麵糰，轉換方向後把麵糰推開再收回，反覆進行此揉麵動作，將麵糰揉至表面呈現光滑平整的狀態，再以折疊包覆的方式，把無花果乾均勻揉入麵糰裡。（圖 A、B）

一次發酵

3 將麵糰收整成圓球狀，放入攪拌盆內，蓋上保鮮膜，置於室內溫暖處，進行第一次發酵約 60 分鐘，待麵糰膨脹至 2 倍大。

滾圓、醒麵

4 以刮板取出第一次發酵完成的麵糰，放在揉麵板上，用手按壓麵糰排出空氣後，將麵糰滾圓，蓋上擰乾的濕布，醒麵 15 分鐘。

麵糰整型

5 用手把麵糰壓扁些，擺放切成小塊的巧克力，以折疊的方式分兩次把巧克力塊混入麵糰裡，接著再以擀麵棍將麵糰擀成約 24×14cm 的長方形，在表面撒上少許裸麥麵粉，分切成 8 等份。
（圖 C、D、E）

二次發酵

6 把麵糰排放在摺出凹槽並撒上高筋麵粉的發酵布裡，進行二次發酵約 50 分鐘，待麵糰膨脹至 1.5 倍大後，再將麵糰移至鋪有烘焙紙的烤盤上。
（圖 F、G）

> 不使用發酵布時，可直接把分切好的麵糰放在鋪有烘焙紙的烤盤上進行發酵。

烘烤

7 放入已預熱至 190℃的烤箱內，烘烤約 20 分鐘。

方便拿取享用的豐富滋味

蔓越莓堅果麵包棒

再怎麼匆忙的早晨時刻，
還是希望能坐下來好好吃頓早餐，
用慎重的心情開啟獨一無二的每一天。

我家的早餐麵包常會隨著季節與當下心情做變化，
但有趣的是每一次只要我端出這款麵包棒時，
丈夫總會有「這種麵包好方便拿著吃啊！」的讚賞回應。

在麥香濃郁的麵糰裡添加果乾與堅果，
而且特別使用產自北海道的十勝野酵母來做這款麵包，
烘烤出有著獨特清新果香風味的美味口感，
在口中細細咀嚼好有味道。

材料（6條）

法國麵包專用粉 200g
全麥麵粉 50g
十勝野酵母 5g
砂糖 15g
鹽 3g
水 150ml
無鹽奶油 12g
蔓越莓果乾 55g
綜合堅果 50g

材料所使用的酵母粉是產自北海道的十勝野酵母，可直接與麵粉混合使用，也適用於麵包機。

堅果類可選擇搭配幾款喜歡的種類，材料使用的是杏仁果、核桃及腰果。

前置準備

◎ 奶油預先置於室溫軟化備用。
◎ 堅果類放入烤箱低溫烘烤過後，切碎備用。
◎ 把顆粒較大的蔓越莓果乾切碎些，以熱水沖燙過後，拭乾水分備用。

作法

混合材料

1 把法國麵包專用粉、全麥麵粉、酵母粉、砂糖及鹽，依序放入攪拌盆內，以橡皮刮刀拌勻後，再加入水，用手混合揉捏均勻成麵糰。

搓揉麵糰

2 取出麵糰置於揉麵板上，充分揉和至不黏手的程度，再將已軟化的奶油放在麵糰上面，以手指推壓混合，把奶油與麵糰揉勻後，繼續將麵糰往前推開，接著收回麵糰，轉換方向後把麵糰推開再收回，反覆進行此揉麵動作，將麵糰揉至表面呈現光滑平整的狀態為止。（圖A）

3 把蔓越莓果乾及堅果擺放在揉好的麵糰上，分幾次以包覆折疊的方式揉入麵糰裡。（圖B）

一次發酵

4 將麵糰收整成圓球狀，放入攪拌盆內，蓋上保鮮膜，置於室內溫暖處，進行第一次發酵約 70 分鐘，待麵糰膨脹至 2 倍大。（圖 C）

滾圓、醒麵

5 以刮板取出第一次發酵完成的麵糰，放在揉麵板上，用手按壓麵糰排出空氣後，將麵糰滾圓，蓋上擰乾的濕布，醒麵 15 分鐘。

麵糰整型

6 用擀麵棍把麵糰擀成約 24×20cm 的長方形，再分切成 6 長條。（圖 D）

7 在麵糰中間切一道（上下兩端不切斷），接著從兩端以相反方向扭轉麵糰幾次。（圖 E、F）

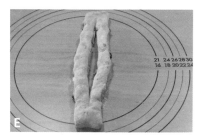

二次發酵

8 把整型好的麵糰放入抹有一層奶油的烤模內，進行二次發酵約 40 分鐘。（圖 G、H）

> 不使用烤模時，可把整型好的麵糰直接放在鋪有烘焙紙的烤盤上，進行二次發酵。

烘烤

9 放入已預熱至 200℃ 的烤箱內，烘烤約 18 分鐘。

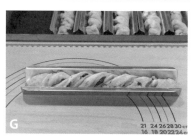

濃厚可可風味的甜點麵包

巧克力皇冠麵包

我習慣在皮包裡放一小盒巧克力，

而且是可可純度較高的黑巧克力，

工作累了或兩餐之間有些飢餓感時，

一小塊在口中慢慢融化的巧克力，

總能適時的提振心情與體力。

想要做一款招待客人的甜點麵包時，

我也常會選擇最受大人及小孩歡迎的巧克力口味。

這款巧克力皇冠麵包，

雖然製作步驟稍微麻煩些，

氣溫較高時還要特別留意巧克力夾心的融化速度。

但當品嚐著軟綿細緻的麵包裡，

夾著一層層入口即化的香甜濃郁巧克力時，

餐桌上的甜蜜美好滋味，

會讓心情彷彿被幸福加冕般的雀躍欣喜。

材料（直徑 15cm 的中空蛋糕烤模 2 個）

高筋麵粉 210g
低筋麵粉 40g
速發酵母粉 3g
三溫糖 22g
鹽 3g
蛋 1 個
鮮奶油 45g
牛奶 80ml
無鹽奶油 25g

巧克力片材料：
高筋麵粉 12g
玉米粉 8g
砂糖 26g
無糖純可可粉 10g
牛奶 40ml
苦甜巧克力 30g
無鹽奶油 12g

表面裝飾：
蛋液及杏仁片各適量

前置準備

◎ 奶油預先置於室溫軟化備用。

◎ 蛋打散成蛋液，保留 1 小匙表面裝飾用，其餘的
　加入麵糰裡。

◎ 製作巧克力片：

　1. 把巧克力片材料裡的高筋麵粉、玉米粉、砂
　　糖及可可粉放入小鍋子裡，以打蛋器混和均勻
　　後，加入牛奶，以小火邊煮邊攪拌至呈現濃稠
　　狀態立即熄火，接著放入奶油及剝成小塊的巧
　　克力拌勻。

　2. 在揉麵板上鋪一張耐熱保鮮膜，把巧克力麵糊
　　舀在上面，用刮板推成約 14cm 的正方形，拉
　　起保鮮膜包覆巧克力片，待冷卻後放入冰箱冷
　　藏約 2 小時至凝固。

作法

混合材料

1 把高筋麵粉、低筋麵粉、酵母粉、三溫糖及鹽，依序放入攪拌盆內，以橡皮刮刀拌勻後，加入蛋液、鮮奶油及牛奶，用手混合揉捏均勻成麵糰。

搓揉麵糰

2 取出麵糰置於揉麵板上，充分揉和至不黏手的程度，再將已軟化的奶油放在麵糰上面，以手指推壓混合，把奶油與麵糰揉勻後，繼續將麵糰往前推開，接著收回麵糰，轉換方向後把麵糰推開再收回，反覆進行此揉麵動作，將麵糰揉至表面呈現光滑平整的狀態為止。

一次發酵

3 把揉好的麵糰收整成表面平滑的圓球狀，放入攪拌盆內，蓋上保鮮膜，置於室內溫暖處，進行第一次發酵約 60 分鐘，待麵糰膨脹至 2 倍大。
（圖 A、B）

滾圓、醒麵

4 以刮板取出第一次發酵完成的麵糰，放在揉麵板上，用手按壓麵糰排出空氣後，把麵糰滾圓，蓋上擰乾的濕布，醒麵 15 分鐘。

麵糰整型

5 用擀麵棍把麵糰擀成約 24cm 的正方形，將巧克力片除去保鮮膜後，直角朝上放在麵皮中間，再把麵皮從四邊往內包覆，接合處緊密捏合。
（圖 C、D）

6 把麵糰擀開成長方形，從上下往中間折疊成三折
後，用保鮮膜包好，放入冰箱冷藏 10 分鐘。取
出麵糰再擀成約 36×14cm 的長方形，從長邊
往前捲起，接合處捏緊，接著將麵糰分切成 10
等份。（圖 E、F、G）

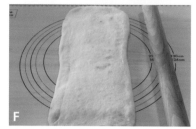

二次發酵

7 將 5 個小麵糰為一組，排列放入抹有一層奶油的
烤模內，進行二次發酵約 40 分鐘，待麵糰膨脹
至 2 倍大。（圖 H）

表面裝飾

8 在發酵完成的麵糰表面刷上一層蛋液，再撒上少
許杏仁片裝飾。（圖 I）

烘烤

9 放入已預熱至 170℃的烤箱內，烘烤約 20 分鐘。
麵包出爐後，立即脫模放涼。

廚房專用布巾

 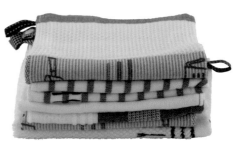

廚房專用布巾是我在烘焙及料理過程中的必備品，
選購時會以天然純棉材質、顏色不要太鮮艷，
而且容易清洗晾乾為基本原則。

如果是麵糰發酵時使用，
我準備的是質地較薄且細緻，食品專用的料理布巾。
在進行烘焙料理製作時，
也會另外備有幾條不同用途的布巾，
隨時可用來擦拭雙手或清潔工作檯面。

當然在台灣也能買到品質好的廚房布巾，
只是每次去日本時，
常會不自主的被我喜歡的簡潔風格品牌布巾所吸引，
有時還會同一個樣式買好幾條，
「因為隨時都會用到啊！」總是用這個理由來說服自己。

麻糬般香甜軟 Q 的和風點心麵包

白玉麻糬紅豆麵包

我很喜歡糯米類的點心，

尤其是從小吃到大的麻糬，

不管是日式風味，

還是加入在地食材的傳統口味，

都是伴隨成長的美好味道。

我有時也會自己做麻糬，

直接利用麵包機的麻糬功能來做很方便，

做好的麻糬可以沾裹日式黃豆粉或蜜紅豆享用，

還能煮成好吃的鹹口味麻糬湯。

而用白玉粉與紅豆甘納豆做成麻糬麵包，

吃起來就像麻糬一樣的香甜軟 Q，

將麵糰分割成較小的分量，

用低一點的溫度來烘烤，

會更接近麻糬的模樣與口感。

搭配熱茶品味這款和風點心麵包的柔軟美味吧！

材料 （12個）

高筋麵粉 210g
白玉粉 40g
奶粉 10g
速發酵母粉 3g
砂糖 18g
鹽 3g
水 160ml
無鹽奶油 25g
紅豆甘納豆 80g

表面裝飾：
上新粉或高筋麵粉適量

> 白玉粉是糯米磨碎浸水沉澱乾燥而成的粉末，質地細緻有光澤感且黏度高，常用來做糯米丸子或麻糬類的日式點心，可於日系超市購買。
>
> 上新粉是以粳米磨製而成的米粉，質感細膩潔白，做日式和菓子時常會用到，篩撒在麵糰表面烘烤也會增添細緻感，可於日系超市購買。

前置準備

◎ 奶油預先置於室溫軟化備用。
◎ 將材料裡的水倒出 60ml 與白玉粉混合均勻成麵糊備用。

作法

混合材料

1　把高筋麵粉、奶粉、酵母粉、砂糖及鹽，依序放入攪拌盆內，以橡皮刮刀拌勻後，加入白玉粉麵糊，接著倒入剩下的水，用手混合揉捏均勻成麵糰。

搓揉麵糰

2　取出麵糰置於揉麵板上，充分揉和至不黏手的程度，再將已軟化的奶油放在麵糰上面，以手指推壓混合，把奶油與麵糰揉勻後，繼續將麵糰往前推開，接著收回麵糰，轉換方向後把麵糰推開再收回，反覆進行此揉麵動作，將麵糰揉至表面呈現光滑平整的狀態為止。（圖A）

3 在揉好的麵糰上擺放甘納豆，用包覆折疊的方式把甘納豆均勻揉入麵糰裡。（圖B）

一次發酵

4 將麵糰收整成圓球狀，放入攪拌盆內，蓋上保鮮膜，置於室內溫暖處，進行第一次發酵約 60 分鐘，待麵糰膨脹至 2 倍大。（圖C、D）

分割、滾圓、醒麵

5 以刮板取出第一次發酵完成的麵糰，放在揉麵板上，用手按壓麵糰排出空氣後，分割成 12 等份。將麵糰滾圓，蓋上擰乾的濕布，醒麵 15 分鐘。

麵糰整型

6 再次輕壓麵糰排氣後，整型成圓球狀。

二次發酵

7 將麵糰收口朝下，排放在鋪有烘焙紙的烤盤上，進行二次發酵約 35 分鐘。（圖E）

表面裝飾

8 在發酵完成的麵糰表面，篩撒上少許上新粉。（圖F）

烘烤

9 將鋁箔紙覆蓋在烤盤上，放入已預熱至 160℃的烤箱內，烘烤約 22 分鐘。

柔嫩鮮美的漢堡風味麵包

起司肉丸子麵包

自己做的醬烤肉丸子實在太好吃了，
雖然常是為了週間晚餐而預先準備，
但總是在肉丸子剛烤好時，
忍不住配著白飯熱呼呼的吃掉好幾個。

如果打算要做這款起司肉丸子麵包時，
就要先預留足夠的分量放在冰箱。
再把起司夾入肉丸子裡當成麵包內餡，
烘烤出外酥內軟的漢堡風味麵包，
濃郁香氣會讓人迫不及待的想咬一口，
但可要小心肉汁很燙口。

再搭配一些蔬果沙拉，
就能組合成豐富美味的麵包餐點，
帶出去野餐也很合適。

材料（8 個）

高筋麵粉 255g
速發酵母粉 3g
三溫糖 18g
鹽 3g
蛋 1 個
水 110ml
無鹽奶油 15g

內餡材料：
醬烤肉丸子 8 個（作法請參考 P.130）、起司 8 小塊

表面裝飾：
蛋液及牛奶各 1 小匙、白芝麻適量

前置準備

◎ 奶油預先置於室溫軟化備用。
◎ 麵糰材料內的蛋打散成蛋液，保留 1 小匙表面裝
　飾用，其餘的加入麵糰裡。
◎ 在烤好的肉丸子中間割一道切口，夾入一小塊起
　司備用。

作法

混合材料

1 把高筋麵粉、酵母粉、三溫糖及鹽，依序放入攪拌盆內，以橡皮刮刀拌勻後，加入
　蛋液及水，用手混合揉捏均勻成麵糰。

搓揉麵糰

2 取出麵糰置於揉麵板上，充分揉和至不黏手的程
　度，再將已軟化的奶油放在麵糰上面，以手指推
　壓混合，把奶油與麵糰揉勻後，繼續將麵糰往前
　推開，接著收回麵糰，轉換方向後把麵糰推開再
　收回，反覆進行此揉麵動作，將麵糰揉至表面呈
　現光滑平整的狀態為止。（圖 A）

一次發酵

3 把揉好的麵糰收整成表面平滑的圓球狀，放入攪
拌盆內，蓋上保鮮膜，置於室內溫暖處，進行第
一次發酵約 60 分鐘，待麵糰膨脹至 2 倍大。
（圖 B、C）

分割、滾圓、醒麵

4 以刮板取出第一次發酵完成的麵糰，放在揉麵板
上，用手按壓麵糰排出空氣後，分割成 8 等份。
把麵糰分別滾圓，蓋上擰乾的濕布，醒麵 15 分
鐘。

麵糰整型

5 用擀麵棍把麵糰擀成圓形，翻面後包入 1 個起司
肉丸子，收口緊密捏合，整型成圓球狀。
（圖 D、E）

二次發酵

6 將麵糰收口朝下，排放在鋪有烘焙紙的烤盤上。
進行二次發酵約 45 分鐘，待麵糰膨脹至 1.5 倍
大。（圖 F）

表面裝飾

7 在發酵完成的麵糰表面，刷上混合好的蛋液與牛
奶，再撒上少許白芝麻。（圖 G）

烘烤

8 放入已預熱至 170℃的烤箱內，烘烤約 20 分鐘。

每一口都嚐得到濃厚香甜芝麻餡

黑糖芝麻平燒麵包

因為喜愛烙烤風味的酥脆麵包外皮，
我有時會用平底鍋來烤麵包。
不過其實烤箱也可以做出烙烤效果，
只要以另一個烤盤壓在麵糰上，
就能烤出兩面金黃香酥的平燒麵包，
內餡部分還可隨喜好做成鹹甜不同口味。

我最常做的是黑糖芝麻餡，
喜歡使用日本知名老店出產的深煎芝麻粉，
調製出非常美味的香濃滑潤黑芝麻餡料。
這也是自己做麵包的最大好處，
每樣材料都經過仔細用心篩選，
雖然有時會發現這樣做出來的麵包成本有些高，
但自家才吃得到的獨特美味是無可取代的啊！

材料（7個）

高筋麵粉 250g
奶粉 10g
速發酵母粉 3g
砂糖 16g
鹽 3g
水 150ml
無鹽奶油 10g

內餡材料：
熟黑芝麻粉 60g
黑糖 15g
蜂蜜 1 大匙
太白胡麻油 2 大匙

表面裝飾：
熟黑芝麻粒適量

太白胡麻油可於日系超市購買，或以相同分量的融化奶油取代。

前置準備

◎ 奶油預先置於室溫軟化備用。
◎ 製作芝麻餡料：
將內餡材料的黑芝麻粉、黑糖、蜂蜜及太白胡麻油
混合均勻後，置於冰箱冷藏備用。

作法

混合材料

1 把高筋麵粉、奶粉、酵母粉、砂糖及鹽，依序放入攪拌盆內，以橡皮刮刀拌勻，接著加入水，用手混合揉捏均勻成麵糰。

搓揉麵糰

2 取出麵糰置於揉麵板上，充分揉和至不黏手的程度，再將已軟化的奶油放在麵糰上面，以手指推壓混合，把奶油與麵糰揉勻後，繼續將麵糰往前推開，接著收回麵糰，轉換方向後把麵糰推開再收回，反覆進行此揉麵動作，將麵糰揉至表面呈現光滑平整的狀態為止。

一次發酵

3 把揉好的麵糰收整成表面平滑的圓球狀，放入攪拌盆內，蓋上保鮮膜，置於室內溫暖處，進行第一次發酵約 60 分鐘，待麵糰膨脹至 2 倍大。
（圖 A、B）

分割、滾圓、醒麵

4 以刮板取出第一次發酵完成的麵糰，放在揉麵板上，用手按壓麵糰排出空氣後，分割成 7 等份。把麵糰滾圓，蓋上擰乾的濕布，醒麵 15 分鐘。

麵糰整型

5 用擀麵棍把麵糰擀成圓形，翻面後包入適量的芝麻餡料，收口緊密捏合成圓球狀。（圖 C、D）

二次發酵

6 將麵糰收口朝下，排放在鋪有烘焙紙的烤盤上，進行二次發酵約 35 分鐘。

表面裝飾

7 在發酵完成的麵糰表面噴點水，中間撒上少許黑芝麻粒裝飾。（圖 E）

烘烤

8 取一張烘焙紙覆蓋在麵糰烤盤上，再以另一個烤盤壓在上面。放入已預熱至 190℃的烤箱內，烘烤約 18 分鐘至表面上色。（圖 F）

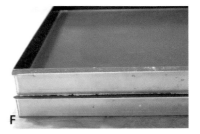

傳遞溫暖心意的蘋果派風味麵包

葡萄乾蘋果乳酪麵包

手作麵包真的很有趣，
即使是相同一款麵包，
不同的人就會做出不一樣的手感樣貌，
麵包成品會悄悄透露出製作者的獨特個性與當下心情。

就像每次在進行這款麵包烘烤前的表面裝飾時，
總會很認真思考著「今天要在麵糰上畫什麼圖案呢？」
如果是為特別的日子慶賀或加油打氣時，
我還會先在紙上試畫出能傳遞心意的線條圖案。

這款麵包內餡使用的是冰箱裡常備的葡萄乾焦糖蘋果，
混合奶油起司一起包入麵糰裡，
烤出有著蘋果派風味的柔軟奶香麵包，
溫熱或放涼了吃都好有味道。
最喜歡在冬天的早晨搭配熱咖啡一起享用，
讓身體與心情都溫暖起來。

材料 （9個）

高筋麵粉 235g
低筋麵粉 45g
速發酵母粉 3g
三溫糖 22g
鹽 3g
蛋 1 個
煉乳 26g
牛奶 55ml
水 55ml
無鹽奶油 32g

內餡材料：
葡萄乾肉桂焦糖蘋果 100g（作法請參考 P.134）
奶油起司（cream cheese）100g
三溫糖 20g

表面裝飾：
奶油起司（cream cheese）70g
煉乳 20g
低筋麵粉 8g
天然香草精少許

前置準備

◎ 奶油預先置於室溫軟化，蛋打散成蛋液備用。

◎ 內餡作法：
把葡萄乾肉桂焦糖蘋果的蘋果片取出切成小塊，再拌入混合好的奶油起司及三溫糖。

◎ 把表面裝飾材料的奶油起司、煉乳、低筋麵粉（預先過篩）及香草精混合拌勻，置於冰箱冷藏備用。

作法

混合材料

1 把高筋麵粉、低筋麵粉、酵母粉、三溫糖及鹽，依序放入攪拌盆內，以橡皮刮刀拌勻，接著加入蛋液、煉乳、牛奶及水，用手混合揉捏均勻成麵糰。

搓揉麵糰

2 取出麵糰置於揉麵板上，充分揉和至不黏手的程度，再將已軟化的奶油放在麵糰上面，以手指推壓混合，把奶油與麵糰揉勻後，繼續將麵糰往前推開，接著收回麵糰，轉換方向後把麵糰推開再收回，反覆進行此揉麵動作，將麵糰揉至表面呈現光滑平整的狀態為止。

一次發酵

3　把揉好的麵糰收整成表面平滑的圓球狀，放入攪拌盆內，蓋上保鮮膜，置於室內溫暖處，進行第一次發酵約 60 分鐘，待麵糰膨脹至 2 倍大。
（圖 A、B）

分割、滾圓、醒麵

4　以刮板取出第一次發酵完成的麵糰，放在揉麵板上，用手按壓麵糰排出空氣後，分割成 9 等份。把麵糰滾圓，蓋上擰乾的濕布，醒麵 15 分鐘。

麵糰整型

5　用擀麵棍把麵糰擀成直徑約 10cm 的圓形，翻面後包入適量的餡料，收口緊密捏合成圓球狀。
（圖 C）

二次發酵

6　將麵糰收口朝下，排放在鋪有烘焙紙的烤盤上，進行二次發酵約 40 分鐘，待麵糰膨脹至 2 倍大。
（圖 D）

表面裝飾

7　把混合好的表面裝飾材料裝入擠花袋內，在發酵完成的麵糰表面，擠畫出喜歡的線條或圖樣。
（圖 E）

烘烤

8　放入已預熱至 170℃的烤箱內，烘烤約 20 分鐘。

在口中融化的甜蜜幸福感

比利時楓糖鬆餅

從鬆餅機裡夾起剛烤好的比利時鬆餅，

迷人的香甜氣味瞬間撲鼻而來，

雖然有些燙口，

還是迫不及待的想快點品嚐。

充滿濃濃奶香的外酥內軟口感，

加上珍珠糖粒的香脆，

甜蜜美好滋味在口中幸福繚繞。

我家的招牌點心比利時楓糖鬆餅，

每次總是才剛烤好就會被一掃而空。

比利時楓糖鬆餅的麵糰發酵完成後，

就可以直接使用鬆餅機來烤，

但我通常會一次多做一些，

把一部分麵糰冷凍保存起來，

隨時想吃或要招待客人時就能派上用場了。

材料（10 個）

高筋麵粉 130g
低筋麵粉 125g
速發酵母粉 3g
三溫糖 16g
楓糖粒 15g
鹽 2g
蛋 1 個
牛奶 75ml
無鹽奶油 72g
天然香草精少許
珍珠糖 32g

> 從甜菜提煉結晶製成的珍珠糖，因為熔點高，烘烤後也不易融化，加入鬆餅麵糰裡，可以烤出酥脆的香甜口感。珍珠糖與楓糖粒皆可於烘焙材料店購買。

前置準備

◎ 奶油預先置於室溫軟化備用。
◎ 蛋打散成蛋液備用。

作法

`混合材料`

1 把高筋麵粉、低筋麵粉、酵母粉、三溫糖、楓糖粒及鹽，依序放入攪拌盆內，以橡皮刮刀拌勻後，加入蛋液、牛奶、香草精及已軟化的奶油，用手混合揉捏均勻成麵糰。

`搓揉麵糰`

2 取出麵糰置於揉麵板上，將麵糰翻揉至均勻無粉粒且不黏手的狀態即可。

| 這款麵糰很軟黏，使用刮板協助操作會較順手。

`一次發酵`

3 把麵糰收整成圓球狀，蓋上保鮮膜，置於室內溫暖處，進行第一次發酵約 70 分鐘，待麵糰膨脹至 2 倍大。（圖 A、B）

分割、滾圓

4 以刮板取出第一次發酵完成的麵糰，放在揉麵板上，把麵糰稍微壓扁些，再將珍珠糖均勻揉入麵糰裡，接著把麵糰分割成 10 等份並滾圓。（圖 C、D）

二次發酵

5 在麵糰表面蓋上擰乾的濕布，進行二次發酵約 25 分鐘，待麵糰略微膨脹。

烘烤

6 把麵糰放在預熱好的鬆餅機烤盤上，蓋上蓋子，烘烤至鬆餅表面金黃。（圖 E、F）

> 烘烤所需時間會隨使用的鬆餅機不同而有些許差異，請隨時留意烘烤上色狀況。

忙碌日子裡的好幫手！
自家製冷凍麵糰

旅居美國求學時期，
去超市買菜時常會順便買一包冷凍麵糰，
解凍後就能快速做成想要的麵包款式，
那時最常做的總是葡萄乾奶酥、肉鬆及蔥花這幾種口味，
用思念的台式風味來療癒鄉愁。

回到台灣後的日常飲食生活很便利，
大街小巷裡眾多烘焙坊販售的麵包選擇超豐富，
但我依然還是持續著自己做麵包的習慣。
新鮮出爐的自家手作麵包最美味，
即使在工作忙碌時間較不充裕時，
我也會利用假日預先做好一些麵糰冷凍保存起來。
只要在晚上取出要烘烤的麵糰數量放到冰箱冷藏室解凍，
隔天早上讓麵糰回溫後再次發酵就能烘烤。
用廚房裡的溫暖麵包香氣來喚醒一天的開始，
這是平凡日常裡最美好的生活能量。

本單元所標示的建議保存期限，是在良好的冷凍狀態下的參考保存時間，並請儘快烘烤享用，品嚐最佳風味與口感。

原味基礎冷凍麵糰

只要預先揉好麵糰並完成基本發酵後，

依想要做的麵包款式分割成需要數量，

再把麵糰放進冰箱冷凍保存，

在接下來的忙碌週間工作日裡，

就能更輕鬆省時的把新鮮現烤麵包端上餐桌。

此單元介紹的幾款使用冷凍麵糰變化而成的麵包，

在時間充裕或想要當天就享用時，

當然也可以省略把麵糰冷凍的步驟，

直接完成麵包製作並烘烤，

一樣能做出非常美味的麵包。

材料（1份）

高筋麵粉 300g
奶粉 15g
速發酵母粉 4g
三溫糖 18g
鹽 4g
水 180ml
無鹽奶油 32g

前置準備

◎ 奶油預先置於室溫軟化備用。
◎ 使用全脂或脫脂奶粉皆可。
◎ 三溫糖可用細砂糖取代。

作法

混合材料

1 把高筋麵粉、奶粉、酵母粉、三溫糖及鹽，依序放入攪拌盆內，以橡皮刮刀或打蛋器拌勻後，再加入水，用手混合揉捏均勻成麵糰。（圖 A、B、C）

A   B   C

搓揉麵糰

2　取出麵糰置於揉麵板上，充分揉和至不黏手的程度，再將已軟化的奶油放在麵糰上面，以手指推壓混合，把奶油與麵糰完全搓揉均勻後，繼續將麵糰往前延展推開，接著收回麵糰，轉換方向後把麵糰推開再收回，反覆進行此揉麵動作，將麵糰揉至表面呈現光滑平整的狀態為止。（圖 D）

一次發酵

3　把揉好的麵糰收整成表面平滑的圓球狀，放入攪拌盆內，蓋上保鮮膜，置於室內溫暖處，進行第一次發酵約 60 分鐘，待麵糰膨脹至 2 倍大。（圖 E）

分割、滾圓、醒麵

4　以刮板取出第一次發酵完成的麵糰，放在揉麵板上，用手按壓麵糰排出空氣後，分割成想要做的麵包款式需要數量。將麵糰滾圓，蓋上擰乾的濕布，醒麵 10 分鐘。（圖 F）

麵糰整型

5　再次輕壓麵糰排氣後，整型成圓球狀。

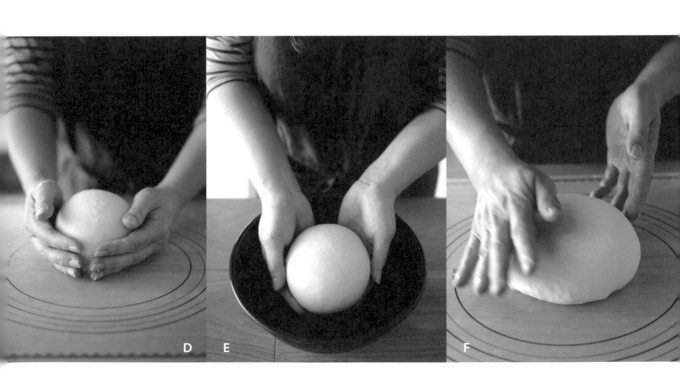

D　E　F

6 把麵糰收口朝下排放在鋪有烘焙紙的平盤上，表面覆蓋一層保鮮膜，再用鋁箔紙緊密包覆，放入冰箱冷凍庫內。（圖 G、H）

> 使用尺寸大小合適且材質是可以放入冷凍庫的平盤來擺放麵糰最方便。

7 待麵糰完全冷凍後，用保鮮膜分別包好，放入冷凍專用保存盒或冷凍密封袋內，盒外或袋外標示製作日期，置於冰箱冷凍庫內保存。（圖 I、J）

> 隨著麵糰冷凍時間越久，風味會漸漸流失，發酵膨脹力也會減弱，為達到最好的烘焙效果與口感，自家製冷凍麵糰保存時間建議不要超過 7 天。

> 冷凍麵糰一旦經過解凍後就要儘快接續製作烘烤，以免影響麵包品質與風味。

冷凍麵糰解凍方式

冷凍麵糰進行解凍時,可放入冰箱冷藏室或置於室溫解凍。

冰箱冷藏室解凍

1 前一晚把冷凍麵糰放在冰箱冷藏室自然解凍。

2 隔天早上將麵糰取出,排放在鋪有烘焙紙的烤盤上,置於室溫回溫約 30 分鐘(把保鮮膜拆開蓬鬆的覆蓋在麵糰表面,以避免麵糰乾燥)。

室溫解凍

1 取出冷凍麵糰排放在鋪有烘焙紙的烤盤上。

2 把保鮮膜拆開蓬鬆的覆蓋在麵糰表面,置於室溫解凍約 1.5～2 小時,待麵糰恢復柔軟狀態並回溫。

> 冷凍麵糰解凍所需時間,會依麵糰大小而有差異,請觀察實際狀況增減時間。

原味基礎冷凍麵糰的美味變化 —— 1

早餐的鬆軟圓麵包

還有什麼比早晨餐桌上散發著溫暖香氣的現烤麵包，

更能讓人感受到生活日常的安心幸福感呢？！

在溫熱鬆軟的麵包上，

厚厚的塗抹一層奶油及果醬，

或是夾入肉餅、煎蛋與生菜等配料都好美味。

材料 （10 個）

原味基礎冷凍麵糰 1 份

> 依照「原味基礎冷凍麵糰」的材料與作法（P.112~114），進行到步驟 4 時，將麵糰分割成 10 等份，滾圓及醒麵後，繼續步驟 5~7 完成冷凍麵糰製作。

表面裝飾：蛋液適量

作法

`冷凍麵糰解凍回溫`

1　依照「冷凍麵糰解凍方式」（P.115）完成麵糰解凍回溫。（圖 A）

`二次發酵`

2　繼續進行二次發酵約 50 分鐘，待麵糰膨脹至 2 倍大。

`表面裝飾`

3　在發酵完成的麵糰表面，均勻刷上一層蛋液。
　　（圖 B）

`烘烤`

4　放入已預熱至 180℃的烤箱內，烘烤約 18 分鐘。

原味基礎冷凍麵糰的美味變化 ── 2

香蔥玉米起司麵包

微甜鹹香的香蔥玉米起司麵包，
當成早餐或輕食餐點都很合適，
使用冷凍麵糰來做更是快速方便。

在麵糰中間填入滿滿的餡料，
烘烤出有著青蔥辛香與起司奶香的鹹味麵包，
請趁熱享用這豐富美好的滋味！

材料（10個）

原味基礎冷凍麵糰 1 份

> 依照「原味基礎冷凍麵糰」的材料與作法（P.112~114），進行到步驟 4 時，將麵糰分割成
> 10 等份，滾圓及醒麵後，繼續步驟 5~7 完成冷凍麵糰製作。

內餡材料：
煮熟的玉米粒 120g、青蔥 3 支、日式美乃滋 2 大匙
披薩起司絲 100g、黑胡椒少許

表面裝飾：蛋液適量

前置準備

◎ 使用罐頭玉米粒時，預先瀝乾湯汁。青蔥洗淨切碎備用。
◎ 把玉米粒、日式美乃滋及黑胡椒放入調理盆內混合均勻後，加入起司絲及切碎的青蔥拌成餡料備用。

作法

冷凍麵糰解凍回溫

1 依照「冷凍麵糰解凍方式」（P.115）完成麵糰解凍回溫。

二次發酵

2 以手指沾點麵粉把麵糰按壓成中間較低的扁圓形，繼續進行二次發酵約 45 分鐘，待麵糰膨脹至 1.5 倍大。（圖 A）

填入餡料、表面裝飾

3 在發酵完成的麵糰中間填入適量的餡料，並在邊緣刷上一層蛋液。（圖 B）

烘烤

4 放入已預熱至 180℃的烤箱內，烘烤約 18 分鐘。

檸檬奶霜麵包

這款充滿酸甜奶香風味的檸檬奶霜麵包，
濃郁口感裡有著清爽餘韻，
一口一口細細品嚐好有味道。

把麵糰分割成較小份量，
做成一個個相連的手撕麵包，
也會讓呈現可口金黃色澤的麵包，
看起來更加可愛。

材料 （16 個 / 使用的烤模尺寸為 24×24×5.5cm）

原味基礎冷凍麵糰 1 份

> 依照「原味基礎冷凍麵糰」的材料與作法（P.112~114），進行到步驟 4 時，將麵糰分割成
> 16 等份，滾圓及醒麵後，繼續步驟 5~7 完成冷凍麵糰製作。

檸檬奶霜材料：

低筋麵粉 40g、烘焙用杏仁粉 10g

無鹽奶油 45g、砂糖 35g、蛋 1 個

煉乳 25g、檸檬汁 1 大匙、天然香草精少許

> 烘焙用的杏仁粉是以大杏仁
> （almond）磨製而成，可增加
> 堅果香氣與口感。

前置準備

◎ 製作檸檬奶霜：

1. 奶油置於室溫軟化，蛋預先取出置於室溫回溫，低筋麵粉過篩備用。
2. 將已軟化的奶油及砂糖放入攪拌盆內，以打蛋器攪打至蓬鬆滑順，接著把蛋液倒
   入拌勻後，加入煉乳、檸檬汁及香草精，再拌入低筋麵粉及杏仁粉，以橡皮刮刀
   混合均勻，放在冰箱冷藏備用。

作法

`冷凍麵糰解凍回溫`

1 依照「冷凍麵糰解凍方式」（P.115）完成麵糰解
  凍回溫。

`二次發酵`

2 把麵糰排列放入鋪有烘焙紙的烤模內，進行二次
  發酵約 60 分鐘，待麵糰膨脹至 2 倍大。（圖 A）

`表面裝飾`

3 把檸檬奶霜均勻塗抹在發酵完成的麵糰表面，可
  隨喜好再撒些杏仁碎粒（另外準備）裝飾。（圖 B）

`烘烤`

4 放入已預熱至 180℃的烤箱內，烘烤約 20 分鐘。

羅勒蒜味奶油麵包

把冷凍麵糰解凍後放入鑄鐵鍋內進行發酵，

烘烤前在表面塗抹羅勒蒜味奶油，

香草與奶油融合而成的獨特溫暖香氣，

麵包還在烤箱裡烘烤著，

幸福氛圍已在室內蔓延開來。

材料 （1 個 / 使用直徑 22cm 的鑄鐵平底鍋）

原味基礎冷凍麵糰 1 份（可製作此款麵包 2 個）

> 依照「原味基礎冷凍麵糰」的材料與作法（P.112~114），進行到步驟 4 時，將麵糰分割成 2 等份，把麵糰滾圓後即可接續步驟 6~7 完成冷凍麵糰製作。

羅勒蒜味奶油材料：
無鹽奶油 30g、乾燥羅勒葉 1 小匙
大蒜鹽 1/2 小匙、起司粉 1 小匙

材料使用的大蒜鹽是市售調味品，亦可混合適量的蒜粉及海鹽取代。

前置準備

◎ 製作羅勒蒜味奶油：

把已軟化的奶油、乾燥羅勒葉、大蒜鹽及起司粉放入小調理盆內混合拌勻備用。

> 此分量製作完成的羅勒蒜味奶油約可使用 2 次，沒用完的部分，請放冰箱冷藏保存，並儘快使用為佳。

作法

`冷凍麵糰解凍回溫`

1　依照「冷凍麵糰解凍方式」（P.115）完成麵糰解凍回溫。

`麵糰整型、二次發酵`

2　把麵糰放入抹有一層奶油的鑄鐵鍋內，以手指沾點麵粉按壓麵糰貼合鍋子內部，繼續進行二次發酵約 50 分鐘，待麵糰膨脹至 2 倍大。（圖 A）

A

`表面裝飾`

3　在發酵完成的麵糰表面，輕戳幾個小凹洞，再適量均勻塗抹羅勒蒜味奶油。（圖 B）

`烘烤`

4　放入已預熱至 200℃的烤箱內，烘烤約 16 分鐘。

B

在冰箱裡先準備好這些就沒問題！
超實用的常備料理、醬料及蜜漬水果

我家冰箱裡的常備菜，

基本上都是為了讓烘焙更有效率而準備的，

會這樣說的原因，

是因為我平常就有自製冷凍麵糰及鬆餅粉的習慣，

只要再搭配冰箱裡的常備料理或蜜漬水果等，

就能簡單快速的完成美味又有幸福感的成品。

尤其是在工作忙碌期間，

每當打開冰箱思索著要如何利用這些常備料理時，

總會暗自慶幸著「太好了！還有這個就沒問題。」

當然這些常備料理也很適合用來準備米飯麵食等餐點，

像「味噌咖哩肉末」可以變化出每天吃也不會膩的各式配菜，

柔嫩多汁的「醬烤肉丸子」吃起來就有如漢堡肉排般滿足。

在這個單元裡要介紹的正是我家冰箱裡最常出現的幾款常備料理，

同時也分享我的常備料理美味延伸應用，

一起來讓日常飲食準備工作更輕鬆也充滿變化樂趣吧！

> 本單元所標示的建議保存期限，是在良好的冷藏狀態下的參考保存時間，請趁新鮮儘快享用，品嚐最佳風味與口感，也避免食材變質。

以新鮮番茄與洋蔥熬煮的百搭醬料

義式洋蔥番茄醬

這種感覺要費許多工夫才能煮出醇厚風味的醬料，

其實也能用簡單的方式做出自家獨特味道。

用義式洋蔥番茄醬來做三明治或拌煮義大利麵都非常美味，

每次只要做了這款醬料，

準備餐點時都會想舀幾匙來使用，

所以總是很快就吃完了呢！

材料

番茄 3 個（去蒂切碎後約 340g）
洋蔥 1 個
蒜泥 1 大匙
橄欖油 4 大匙
砂糖 1 小匙
伍斯特醬（Worcestershire sauce）1 大匙
番茄醬 2 大匙
義大利香料 1 小匙
黑胡椒適量

前置準備

◎ 把番茄洗淨去蒂切塊、洋蔥去皮切塊，分別放入
　食物調理機內打碎或用刀切碎。

作法

1　鍋子裡放入橄欖油、蒜泥及洋蔥，以中小火加熱
　　炒香。（圖 A）

2　把番茄及砂糖倒入拌炒後，加入伍斯特醬、番茄
　　醬、義大利香料及黑胡椒混合拌勻，蓋上鍋蓋，
　　以小火燜煮約 20 分鐘，待所有食材都融合入味
　　後熄火即完成。（圖 B）

A

　　煮好的義式洋蔥番茄醬放涼後，裝入密封玻璃罐
　　內，置於冰箱冷藏，約可保存 5 天，儘快享用為佳。

　　為避免醬料變質，請以乾淨並且乾燥的湯勺，舀取
　　出每次需要的分量。

B

義式洋蔥番茄醬的美味延伸，請參考本書：
◎ 小餐包花式三明治（P.32）
◎ 塔可飯（P.138）
◎ 番茄起司馬鈴薯麵疙瘩（P.142）

味噌咖哩肉末

加入味噌與咖哩的炒肉末，

有著獨特溫潤辛香風味，

直接舀在熱騰騰的白飯上就能吃上一大碗，

做成手捲三明治及飯糰的餡料也很好吃，

想要快速搭配出讓人驚喜的餐桌佳餚時，

這道味噌咖哩肉末絕對可以幫上忙。

材料

豬絞肉 350g
洋蔥 1/2 個
蒜末 1 小匙
薑末 1 小匙
麻油 1 大匙
味噌 1 大匙
咖哩粉 2 小匙

綜合調味料：
┌ 醬油 2 小匙
│ 味醂 2 大匙
│ 料理酒 1 大匙
│ 三溫糖 1 大匙
│ 水 3 大匙
└ 胡椒少許

前置準備

◎ 洋蔥去皮切碎，綜合調味料拌勻備用。

作法

1 平底鍋裡放入麻油與洋蔥，以中火加熱炒香後，加入蒜末及薑末拌炒，再把絞肉倒入炒至鬆散變色。（圖 A）

2 放入味噌及咖哩粉混合炒勻後，加入綜合調味料，以小火繼續煮約 15 分鐘，待肉末熟透後，轉中火把湯汁收乾些即可熄火。（圖 B）

A

B

> 煮好的味噌咖哩肉末放涼後，裝入密封保鮮盒內，置於冰箱冷藏，約可保存 4 天，並請儘快享用為佳。

> 請以乾淨並且乾燥的湯勺，舀取需要的分量，加熱後食用。

味噌咖哩肉末的美味延伸，請參考本書：
◎ 味噌咖哩肉末手捲三明治（P.62）
◎ 味噌咖哩肉末三明治飯糰（P.136）
◎ 塔可飯（P.138）
◎ 奶油玉米味噌咖哩肉末炒飯（P.140）

咕嚕咕嚕冒著肉汁的烤肉丸子

醬烤肉丸子

做這道醬烤肉丸子時，一定要比平時多煮一些飯才行，

柔嫩多汁的肉丸子搭配Ｑ彈米飯，

讓人無法停下筷子的濃郁鮮美，不知不覺就會多吃一碗飯。

使用迷你杯子蛋糕烤盤來烤肉丸子最方便，

不僅能做成大小一致的渾圓可愛肉丸子，

烤出的肉汁也會保留在烤盤底部，美味完全不浪費。

材料（12 個）

豬絞肉 280g
洋蔥 1/2 個
麵包粉 15g
片栗粉 10g
肉豆蔻粉 1/2 小匙
牛奶 3 大匙

綜合調味料：

┌ 日本中濃香醋 1 大匙
│ 番茄醬 2 大匙
│ 橄欖油 1 大匙
│ 蜂蜜 1 小匙
│ 砂糖 1 小匙
└ 鹽及胡椒各少許

肉豆蔻粉（Nutmeg）、片栗粉與中濃香醋都可於日系超市購買。

前置準備

◎ 洋蔥去皮切塊，放入食物調理機內打碎或用刀切碎。
◎ 綜合調味料拌勻備用。

作法

1 把絞肉及綜合調味料放入調理盆內，充分拌勻後，加入洋蔥、麵包粉、片栗粉、肉豆蔻粉及牛奶混合均勻，繼續攪拌至肉餡有黏性。（圖 A）

2 將肉餡分成 12 等分，分別放在手掌上，在兩手間來回輕拋塑成小圓球，放入塗抹上一層沙拉油的烤模裡。（圖 B）

3 全部的肉丸子都做好後，放入已預熱至 170℃的烤箱內，烤約 30 分鐘至肉丸子熟透且上色即完成。

    烤好的肉丸子放涼後，裝入密封保鮮盒內，置於冰箱冷藏，約可保存 4 天，並請儘快享用為佳。

    放在冰箱冷藏的烤肉丸子，如果是要直接當成配菜或三明治配料，請加熱後再使用。

A

B

醬烤肉丸子的美味延伸，請參考本書：
◎ 小餐包花式三明治（P.32）
◎ 起司肉丸子麵包（P.92）

香草蘭姆酒漬果乾

蘭姆酒漬果乾是我家冬季冰箱裡一定會備存的蜜漬水果罐，

除了烘烤聖誕節應景的酒漬水果蛋糕不能缺少外，

用來搭配鬆餅或冰淇淋一起享用，會瞬間提升甜點豪華感。

準備聚會點心時，我喜歡把酒漬果乾與奶油起司（cream cheese）混合拌勻，

搭配小餅乾品嚐隱隱有著醇美酒香的成熟美味口感。

偶爾也要像這樣，放鬆享受屬於大人的療癒時光啊！

材料

綜合果乾 230g

香草豆莢 1/2 支

蘭姆酒適量（約略可蓋過果乾的分量）

> 果乾可選擇搭配喜歡的種類，例如葡萄乾、蔓越莓
> 及杏桃乾等無籽果乾都很合適，顆粒較大的果乾請
> 切成小丁後再使用。

前置準備

◎ 把果乾放入熱水中稍微燙煮一下去除表面油分，
撈起瀝乾，再用餐巾紙確實將水分完全拭乾。

◎ 使用小刀將香草豆莢從中間剖開後，對切備用。

◎ 準備一個乾淨的玻璃罐，放入熱水內煮沸消毒後，
自然風乾備用。

作法

1 把果乾放入玻璃罐內，再擺放香草豆莢，接著倒
入約略可蓋過果乾高度的蘭姆酒。

2 蓋上密封蓋，放入冰箱冷藏約一個星期即可使
用。

> 酒漬果乾存放越久，酒味也會越重。請依個人口味
> 喜好，斟酌控制保存時間。

> 為避免影響酒漬果乾的保存品質或導致腐壞，請以
> 乾淨並且乾燥的湯匙，舀取每次需要的分量。

香草蘭姆酒漬果乾的美味延伸，請參考本書：
◎ 綜合果乾堅果義式脆餅（P.152）
◎ 濃厚巧克力酒漬果乾蛋糕（P.156）

葡萄乾肉桂焦糖蘋果

寒冬季節時，最喜歡在廚房裡慢慢拌煮一鍋肉桂焦糖蘋果，

感受肉桂香料與蘋果果香的溫暖療癒香氣。

在冰箱裡準備一盒煮好的焦糖蘋果非常好用，

早餐搭配鬆餅、優格或當成麵包糕點的餡料，

有時就直接加香草冰淇淋吃也好美味，

非常推薦大家嘗試看看。

材料

蘋果 2 個（切片後約 480g）
砂糖 55g
水 1 大匙
奶油 30g
葡萄乾 60g
肉桂粉 1 小匙
檸檬汁 1 大匙
天然香草精適量

前置準備

◎ 蘋果洗淨去皮及果核後，切成小片備用。

作法

1 將砂糖及水放入鍋子裡，以中火加熱至呈現焦糖色後，放入蘋果片及奶油混合拌炒。

2 接著加入檸檬汁、肉桂粉、香草精及葡萄乾，繼續拌煮至蘋果變軟且上色後熄火即完成。煮的過程中要隨時留意翻拌，以免燒焦。

煮好的葡萄乾肉桂焦糖蘋果放涼後，裝入密封保鮮盒內，置於冰箱冷藏，約可保存 5 天，並請儘快享用為佳。

為避免影響保存品質，請以乾淨並且乾燥的湯勺，舀取需要的分量就好。

葡萄乾肉桂焦糖蘋果的美味延伸，請參考本書：
◎ 葡萄乾蘋果乳酪麵包（P.100）
◎ 翻轉蘋果優格蛋糕（P.154）
◎ 烤莓果蘋果核桃奶酥（P.164）

味噌咖哩肉末三明治飯糰

近年來日本非常流行的「不用捏飯糰」，

只要簡單疊放餡料再用海苔片包起來就能完成。

如果能多加利用常備料理來做這種三明治飯糰就更方便了，

我最常做的就是味噌咖哩肉末搭配蔬菜的美味組合。

把好看又好吃的三明治飯糰裝入便當盒，當成野餐的餐點也很棒呢！

材料（1個）

白米飯 140g
海苔片 1 張
味噌咖哩肉末 40g（作法請參考 P.128）
紅蘿蔔 6 片
生菜 3 片

前置準備

◎ 紅蘿蔔去皮刨成長薄片，放入沸水內燙軟，撈起
過冷開水後瀝乾水分備用。

◎ 從冰箱取出味噌咖哩肉末，舀出需要的分量，加
熱後備用。

作法

1 將海苔片的尖角朝上放在保鮮膜上，把一半分量
的白米飯放在中間並壓平些 。（圖 A）

2 在白米飯上面依序擺放生菜、味噌咖哩肉末及紅
蘿蔔片，表面再覆蓋剩下的白米飯，用飯勺按壓
平整。（圖 B、C）

3 把海苔片從四個角往中間包覆折入，接著拉起底
下鋪的保鮮膜緊緊包住飯糰成扎實的方形。
（圖 D、E）

4 靜置約 5 分鐘定型後，移去保鮮膜，再將飯糰從
中間對切成兩半即完成。

A

B

C

D

E

塔可飯

從墨西哥塔可餅創意改良而成的著名沖繩料理塔可飯（Taco Rice），

巧妙的使用米飯搭配豐富配料與佐醬，做出甜辣濃郁又不膩口的沖繩風味異國美食。

把在日本曾多次品嚐過的塔可飯，端上我家餐桌的開始是個美好的意外，有一次冰箱裡剛好

有各剩下少許的味噌咖哩肉末與義式洋蔥番茄醬，乾脆就把二者混合加熱後再加點檸檬汁與

Tabasco 辣椒醬，嚐了一口驚喜發現「這就是塔可飯的味道啊！」

從此，絕對讓人胃口大開的自家版本祕製塔可飯，就常常出現在我家餐桌上了。

材料（2 人份）

熱白米飯 2 碗
義式洋蔥番茄醬 5 大匙（作法請參考 P.126）
味噌咖哩肉末 100g（作法請參考 P.128）
Tabasco 辣椒醬 1/2 小匙
檸檬汁 1 小匙
生菜 6 片
番茄 1 個
刨成絲的起司適量

前置準備

◎ 生菜洗淨瀝乾水分切絲，番茄洗淨去蒂切小丁。

作法

1 將義式洋蔥番茄醬及味噌咖哩肉末混合均勻，以
  小火加熱後熄火，再加入 Tabasco 辣椒醬及檸
  檬汁拌勻。

2 把熱白米飯分別盛裝在盤內，舀上適量的步驟 1
  醬料，接著放上起司絲、生菜及番茄即完成。

  可依個人對辣度的喜好，調整辣椒醬用量。

奶油玉米味噌咖哩肉末炒飯

有一年秋天在盛產甜玉米的北海道十勝芽室町旅行時，品嚐到當地著名的玉米炒飯，混合著奶油醬油香氣的滿滿香甜玉米與 Q 彈米飯，在舌尖融合成驚喜的層次風味，也在心底留下幸福的味道記憶。

我的自家版本奶油玉米炒飯，加入冰箱裡常備的味噌咖哩肉末當配料，多了咖哩的辛香與味噌的溫潤讓炒飯更有味道。還特別使用北海道十勝產的罐頭玉米粒來拌炒有著起司奶香的奶油玉米，在來自北國的香甜滋味裡，溫柔回味那年秋日的旅行美好時光。

材料（3 人份）

白米飯 3 碗
青蔥 3 支
蛋 3 個
味噌咖哩肉末 80g（作法請參考 P.128）
沙拉油 2 大匙
鹽及胡椒各適量
新鮮巴西利少許

奶油玉米粒材料：
煮熟的玉米粒 180g
奶油 15g
醬油 1 小匙
三溫糖 1 小匙
起司粉 1/2 大匙
胡椒適量

前置準備

◎ 將新鮮玉米粒煮熟或把玉米粒罐頭打開後，瀝乾湯汁備用。

◎ 青蔥洗淨切碎，蛋打散成蛋液備用。

作法

1 把 1 大匙沙拉油放入平底鍋裡加熱後，倒入蛋液快速拌炒至略微凝固即盛起。

2 鍋子裡再淋入 1 大匙沙拉油，把切碎的青蔥炒香，放入味噌咖哩肉末炒勻，接著倒入白米飯，再加入少許鹽及胡椒混合翻炒，將步驟 1 的炒蛋也拌入即可熄火。把炒飯分盛在盤子裡。（圖 A）

3 將鍋子洗淨後，放入奶油炒香玉米粒，加入醬油及三溫糖調味，再拌入起司粉及胡椒即可。（圖 B）

4 把炒好的奶油玉米粒分別舀在炒飯上，再放上巴西利裝飾即完成。

番茄起司馬鈴薯麵疙瘩

邀請朋友來家裡吃飯時，我常喜歡安排大家一起動手做馬鈴薯麵疙瘩。

把麵糰切成小塊再用叉子壓出紋路，即使每一顆麵疙瘩都充滿手感的各具特色，下鍋煮好後拌上醬汁總是很快的盤底朝天。

利用假日多做些馬鈴薯麵疙瘩冷凍保存起來，飢腸轆轆的晚歸夜晚，快速煮些麵疙瘩搭配冰箱裡的常備佐醬及簡單配料，溫暖身心的家常餐點就能輕鬆上桌。

馬鈴薯麵疙瘩

材料（3 人份）

馬鈴薯泥 355g、中筋麵粉 132g、鹽 2g、蛋黃 1 個

前置準備

◎ 馬鈴薯洗淨，整顆放入鍋子裡加水煮至軟熟，取出稍微放涼後剝皮，再以搗泥器壓成薯泥，量取出需要的分量備用。

作法

1 把中筋麵粉及鹽放入攪拌盆內拌勻後，加入馬鈴薯泥及蛋黃，用手混合搓揉成麵糰。

2 將麵糰分切成 3 等份，雙手滾動搓成細長條狀，以刮板分切成長度約 2cm 的小麵糰。

3 用叉子在麵糰表面壓出紋路後把兩端捲起。將做好的麵疙瘩排放在撒有麵粉的平盤上。（圖 A、B）

4 煮滾一鍋水後加入少許鹽，把麵疙瘩放入煮至浮起即可。

> 做好的馬鈴薯麵疙瘩如果不立即煮食時，可冷凍後分裝保存。要吃之前取出需要的分量，不需解凍直接放入滾水內煮熟即可。

番茄起司馬鈴薯麵疙瘩

材料（2 人份）

煮熟的馬鈴薯麵疙瘩約 30 個
義式洋蔥番茄醬 6 大匙（作法請參考 P.126）
水 3 大匙、新鮮羅勒葉適量
起司粉、橄欖油及黑胡椒各適量

作法

1 在平底鍋裡舀入義式洋蔥番茄醬及水，以中小火煮滾後，加入羅勒葉及煮好的麵疙瘩拌勻即可熄火。

2 盛盤後，淋上橄欖油，再撒上起司粉及黑胡椒。

省時方便又安心的
自家製鬆餅粉

鬆餅粉是非常實用的烘焙預拌粉，
不管是煎鬆餅或利用來做各式各樣的鹹甜點心，
都能快速變化出美味成品。

自家製鬆餅粉材料很簡單，還可以調配出自己與家人喜歡的口味，
省時方便又安心，成本算來也更經濟些。

在這個單元裡要分享兩款我家常備的鬆餅粉，
只要再加入雞蛋及牛奶等簡單食材，隨時都能把鬆軟可口的鬆餅端上餐桌。
使用預先調配好的自家製鬆餅粉來做甜點更是方便，鬆餅粉裡有做點心所需要的基本材料，
低筋麵粉也已完成過篩，減少了一些前置準備步驟，就會覺得輕鬆省事多了呢！

鬆餅粉裡已有預先加入少量的砂糖，所以使用鬆餅粉做
點心時，另外加入的砂糖分量也要適量減少。

只要準備這些材料就 OK

自家製原味鬆餅粉

材料（200g）

低筋麵粉 178g
無鋁泡打粉 5g
三溫糖（或砂糖）16g
鹽 1g

作法

1 將低筋麵粉及泡打粉混合過篩後，加入三溫糖及鹽，以打蛋器充分攪拌均勻即完成。（圖 A、B）

2 調製好的鬆餅粉如不立即使用時，可裝入乾淨且乾燥的密封罐或食品用密封袋內，放入冰箱冷藏保存，並儘快使用為佳。（圖 C、D）

> 依此材料分量調配製成的鬆餅粉每份約 200g，這也是一般市售鬆餅粉最常見的小包裝分量，更方便使用。

A   B   C   D

加入全粒粉的芳醇麥香

自家製麥香鬆餅粉

材料（200g）

低筋麵粉 143g
全麥麵粉 33g
無鋁泡打粉 5g
砂糖 18g
鹽 1g

作法

1 將低筋麵粉及泡打粉混合過篩後，加入全麥麵粉、砂糖及鹽，以打蛋器充分攪拌均勻即完成。（圖 A、B、C）

2 調製好的鬆餅粉如不立即使用時，可裝入乾淨且乾燥的密封罐或食品用密封袋內，放入冰箱冷藏保存，並儘快使用為佳。（圖 D）

依此材料分量調配製成的鬆餅粉每份約 200g，這也是一般市售鬆餅粉最常見的小包裝分量，更方便使用。

A　B　C　D

用自家製鬆餅粉做經典風味點心 —— 1

藍莓優格鬆餅

把煮好的香甜濃郁楓糖藍莓醬，
淋在熱呼呼的蓬鬆軟綿鬆餅上，
酸甜滋味與濃郁奶香融合成迷人的絕佳風味，
這是自家才吃得到的極致美味鬆餅。

材料（直徑 14cm 的厚鬆餅 2 片）

自家製原味鬆餅粉 200g（作法請參考 P.146）
蛋 2 個
原味希臘優格 80g
牛奶 70ml
無鹽奶油 28g

楓糖藍莓醬材料：
新鮮藍莓 150g
楓糖漿 2 大匙
楓糖粒 20g
檸檬汁 1 小匙

前置準備

◎ 奶油融化備用。
◎ 製作楓糖藍莓醬：
把藍莓洗淨瀝乾水分後，放入小鍋子內，加入楓糖漿、楓糖粒及檸檬汁，以小火邊煮邊攪拌至醬汁漸漸呈現濃稠狀態即可熄火，靜置放涼。

作法

1 把蛋打入攪拌盆內，以打蛋器打散後，加入優格、牛奶及融化的奶油拌勻，接著拌入鬆餅粉，快速攪拌成麵糊後，讓麵糊靜置 6~10 分鐘。（圖 A）

麵糊不要過度攪拌，並放置幾分鐘讓麵糊裡的材料充分融合，煎出來的鬆餅會更蓬鬆軟綿。

2 小鐵鍋加熱後，使用隔熱手套小心將鍋子移至濕抹布上略微降溫，接著再放回爐火上。用大湯勺舀入一半的麵糊，以小火煎至表面冒出小氣孔就可以翻面，把鬆餅的另一面也煎成金黃色即完成。將鬆餅盛起後，再煎好另一片。（圖 B）

3 將煮好的楓糖藍莓醬淋在鬆餅上，可隨喜好再搭配奶油享用。

希臘優格的口感比一般優格更為濃稠綿密，加入鬆餅麵糊裡，能做出奶香濃郁、鬆軟可口的美味鬆餅。無法取得時，可改用一般無糖原味優格取代。

麥香起司小鬆餅瑪芬

原本需要在鍋子裡一片片慢慢煎的鬆餅，

在匆忙的平日早晨，不妨就直接烤成一整盤的小鬆餅瑪芬吧！

有著濃厚起司奶香與芳醇麥香的鬆餅瑪芬，

趁溫熱直接品嚐或搭配喜歡的果醬一起享用，鬆軟溼潤的口感好美味。

材料 （12 個 / 小瑪芬烤模的直徑為 5.5cm）

自家製麥香鬆餅粉 200g （作法請參考 P.147）
奶油起司（cream cheese）60g
帕馬森起司粉（Parmesan cheese）12g
蛋 1 個
鮮奶油 60g
楓糖漿 1 大匙
牛奶 60ml
無鹽奶油 40g

前置準備

◎ 奶油融化備用。
◎ 蛋打散成蛋液備用。

作法

1 把奶油起司放入攪拌盆內，以打蛋器攪打成乳霜
狀，倒入蛋液拌勻，接著加入帕馬森起司粉、鮮
奶油、楓糖漿、牛奶及融化的奶油，充分混合均
勻後，拌入鬆餅粉攪拌成麵糊。（圖 A、B）

> 麵糊只要輕拌至沒有粉粒殘留的狀態即可，不要
> 過度攪拌。

2 將麵糊平均舀入抹有一層奶油的小瑪芬烤模內。
（圖 C）

3 放入已預熱至 180℃的烤箱內，烘烤約 18 分鐘。

綜合果乾堅果義式脆餅

第一次吃到義式脆餅（Biscotti）時，
對於這款餅乾的脆硬口感覺得有些不可思議，
但隨著年紀漸漸增長，也開始愛上像這樣越嚼越香的滋味。

經過兩次烘烤讓水分蒸發的義式脆餅，
非常適合用來沾著熱咖啡、紅茶或牛奶享用。
用自家製鬆餅粉來做義式脆餅更是方便，
我還喜歡在材料裡加入酒漬果乾，
烤出酥鬆香脆又有大人味的深度美味口感。

材料（約 12 片）

自家製原味鬆餅粉 200g（作法請參考 P.146）
砂糖 25g
蛋 2 個
太白胡麻油 2 大匙
香草蘭姆酒漬果乾 60g（作法請參考 P.132）
綜合堅果 50g

> 太白胡麻油可於日系超市購買，或以相同分量的
> 橄欖油取代。
>
> 酒漬果乾可改用一般的無籽果乾（葡萄乾或蔓越
> 莓果乾等）取代。堅果種類亦可隨喜好選擇搭配。

前置準備

◎ 舀取出材料需要分量的香草蘭姆酒漬果乾，瀝乾
   湯汁備用。
◎ 堅果類放入烤箱低溫烘烤過後，放涼備用。

作法

1 把蛋打入攪拌盆內，以打蛋器打散後，加入砂糖
   及太白胡麻油拌勻，接著拌入鬆餅粉，快速攪拌
   至均勻無粉粒的狀態，再將酒漬果乾及綜合堅果
   倒入混合拌成黏稠的麵糊。（圖 A）

2 用刮板舀取出麵糊，放在鋪有烘焙紙的烤盤上，
   推塑成約 20x12cm 厚薄均勻的長方形。（圖 B）

3 放入已預熱至 160℃的烤箱內，烘烤約 25 分鐘，
   取出後待略微降溫，用刀子切成厚度約 1.5cm
   的片狀，排放在烤盤上。（圖 C、D）

4 再次放入已預熱至 150℃的烤箱內，烘烤約 26
   分鐘。脆餅出爐後置於網架上放涼。

翻轉蘋果優格蛋糕

這款翻轉蘋果優格蛋糕是我常做的招牌聚會甜點。

只要把冰箱裡常備的葡萄乾肉桂焦糖蘋果鋪在烤盤底部，

再倒入用鬆餅粉拌好的麵糊就能烘烤。

閃爍著可口糖蜜光澤的酸甜蘋果片，融合了肉桂溫暖香氣，加上鬆軟溼潤的蛋糕口感，

總會讓吃過的人留下最深刻的美味記憶。

材料（直徑 18cm 的圓形烤模 1 個）

自家製原味鬆餅粉 120g（作法請參考 P.146）

砂糖 36g

蛋 3 個

無鹽奶油 45g

無糖原味優格 50g

天然香草精少許

葡萄乾肉桂焦糖蘋果，約可鋪滿烤盤底部的分量（作法請參考 P.134）

前置準備

◎ 量取材料需要的鬆餅粉分量備用。

◎ 蛋預先取出置於室溫回溫。

◎ 奶油融化備用。

◎ 烤模內均勻塗抹一層奶油。

作法

1　把蛋打入攪拌盆內充分打散後，加入砂糖拌勻，接著把攪拌盆隔水加熱至接近體溫的微溫程度就立即移開。取出後以手持式電動打蛋器把蛋液打發至蓬鬆細緻有光澤的狀態，用攪拌棒提起蛋糊，滴落時會留下清晰痕跡即可。（圖 A）

> 把蛋液適度加溫有助於打發，但一定要特別留意溫度不可過高，以避免把蛋液煮熟。

2　將融化的奶油、優格及香草精倒入打發的蛋糊內，以電動打蛋器低速混合攪拌均勻後，再把鬆餅粉分二次拌入，用橡皮刮刀輕拌成麵糊。（圖 B）

3　把葡萄乾肉桂焦糖蘋果片放射狀排列在烤模底部，緩緩倒入拌好的麵糊，接著雙手拿起烤模在桌上輕敲數下，讓麵糊內的空氣釋出。（圖 C、D）

4　放入已預熱至 170℃的烤箱內，烘烤約 30 分鐘。蛋糕出爐後脫模倒扣在平盤上。

濃厚巧克力酒漬果乾蛋糕

有著芳醇蘭姆酒香的酒漬果乾蛋糕,是最受歡迎的聖誕季節甜點,只要再多加入可可粉與苦甜巧克力,就能變化成大人味的巧克力酒漬果乾蛋糕。

在濃厚巧克力與蘭姆酒香的優雅風味裡,還嚐得到香甜滑潤的融化巧克力塊,也讓這款蛋糕更加豐富美味,每一口都是療癒心情的甜美滋味。

材料（21 x 8 x 6cm 的磅蛋糕烤模 1 個）

自家製原味鬆餅粉 170g（作法請參考 P.146）
砂糖 46g
蛋 3 個
無鹽奶油 130g
無糖純可可粉 20g
苦甜巧克力 50g
香草蘭姆酒漬果乾 80g（作法請參考 P.132）

表面裝飾：
切碎的核桃適量

前置準備

◎ 奶油置於室溫軟化。蛋預先取出置於室溫回溫後，
　打散成蛋液備用。
◎ 量取材料需要的鬆餅粉分量備用。
◎ 可可粉過篩，苦甜巧克力切成小塊備用。
◎ 香草蘭姆酒漬果乾瀝乾湯汁備用。
◎ 在烤模內鋪入裁剪成合適大小的烘焙紙。

作法

1 把已軟化的奶油放入攪拌盆內，以手持式電動打
　蛋器攪打成柔滑狀態後，加入砂糖繼續攪拌至呈
　現顏色較淡的鬆軟霜狀，接著把打散的蛋液，分
　幾次倒入並充分拌勻。（圖 A）

2 將可可粉及鬆餅粉加入步驟 1 的攪拌盆內，以橡
　皮刮刀混合切拌成麵糊，再拌入酒漬果乾及巧克
　力塊。（圖 B）

3 把麵糊均勻倒入鋪有烘焙紙的烤模內，以橡皮刮
　刀將表面抹平，中間部分略微壓低些，再撒上切
　碎的核桃。（圖 C）

4 放入已預熱至 180℃的烤箱內，烘烤約 36 分鐘。

冰過更香酥的
派塔餅乾冷藏麵糰

雖然很喜歡也習慣自己做點心，
但是如果能在忙碌的生活中，
用更簡單有效率的方式，
做出最美味的口感，
那就太好了！

因此我常會找尋合適的方法，
希望讓日常的手作烘焙更輕鬆省時。
像是派塔餅乾這類鹹甜點心，
把麵糰冷藏後再製作會更香酥可口，
所以想要為家人或朋友做些款待點心時，
我常會在前一天就把麵糰準備好放冰箱冷藏，
隔天只要接續進行麵糰切割或整型等步驟就可以烘烤。
利用平常作息裡的零碎時間，
把製作工序分段完成，
同時善加利用實用的廚房小家電來幫忙，
就能讓做點心更加輕鬆方便了。

不需烤模就能做出充滿美味手感的水果塔

杏仁奶油鄉村水果塔

對於喜愛甜點的人來說，

各式水果塔總有著無可取代的魅力，

繽紛色彩與甜美滋味讓人著迷，

新鮮水果塔上的當令食材變化，

更常傳遞著「已經到這個季節了啊！」的訊息。

不用烤模也可以簡單做出好看又好吃的季節水果塔，

充滿手感的香酥塔皮裡，

包覆著香濃杏仁奶油餡與酸甜水果，

一口咬下就能感受到驚喜層次風味。

因為很難抗拒季節水果的美味誘惑，

所以我常會把水果塔做得小一點，

這樣每種口味就都可以嚐嚐看了。

材料（3個）

塔皮部分：
低筋麵粉 163g
無鹽奶油 88g
砂糖 12g
鹽 1g
蛋液 2 大匙

杏仁奶油餡材料：
烘焙用杏仁粉 55g
低筋麵粉 10g
蛋 1 個
砂糖 32g
無鹽奶油 45g
天然香草精少許

表面裝飾：
喜歡的水果幾款
蛋液適量

烘焙用的杏仁粉是以大杏仁
（almond）磨製而成，富
含堅果香氣與口感。可於烘
焙材料店購買。

水果部分可隨季節變化選擇，
例如櫻桃（去籽對切）、藍
莓及覆盆子等都很合適，或
是使用罐頭水蜜桃（切片）
來做也很美味。

前置準備

◎ 塔皮材料的低筋麵粉過篩，奶油切成小丁，都先
放在冰箱冷藏備用。
◎ 杏仁奶油餡材料的蛋打散成蛋液，奶油置於室溫
軟化備用。
◎ 製作杏仁奶油餡：
把已軟化的奶油放入攪拌盆內，以打蛋器攪打成
柔滑狀態，加入砂糖繼續攪拌，接著將蛋液倒入
拌勻後，再放入杏仁粉、低筋麵粉及香草精混合
均勻，置於冰箱冷藏備用。

作法

1　把低筋麵粉、砂糖及鹽放入攪拌盆內拌勻後，混入切成小丁的奶油，用奶油切刀或刮板快速切拌成小顆粒狀，接著加入蛋液，用手混合均勻成麵糰。

　　| 只要捏合成麵糰即可，不要過度搓揉。

2　用保鮮膜把麵糰包起來，放入冰箱冷藏至少 2 小時。

　　| 為避免麵糰風味流失與變質，麵糰放在冰箱冷藏的保存時間，建議不要超過 24 小時。

3　取出冷藏麵糰置於室溫略微回溫後，放在撒有麵粉的揉麵板上，把麵糰分切成 3 等份，用擀麵棍擀成直徑約 15cm 的圓形。（圖 A）

4　在派皮中間舀放 1/3 分量的杏仁奶油餡，再擺放適量的水果，可隨喜好撒上少許砂糖（另外準備）。（圖 B）

5　把派皮從邊緣往內收折後，刷上一層蛋液。另外二個麵糰也以相同方式做好。（圖 C、D）

6　放入已預熱至 180℃的烤箱內，烘烤約 28 分鐘。

款待自己的深夜療癒甜點
烤莓果蘋果核桃奶酥

工作晚歸的疲憊夜晚，

有時就是會很任性的想吃點可以療癒心情的溫熱甜點，

當然也不想再花太多力氣去製作，

這時前一晚做好的核桃奶酥粒與焦糖蘋果就能幫上大忙。

在烤盅裡舀入焦糖蘋果片，

再放些新鮮或冷凍莓果，

表層撒上核桃奶酥粒，

放入烤箱烤至金黃香酥就可出爐了，

搭配香草冰淇淋或馬斯卡邦起司享用是極致美味吃法。

就用剛出爐的溫暖療癒甜點，

好好款待今天也很努力的自己吧！